软件系统分析与体系结构设计

杨 洋 刘 全 编著

东南大学出版社
SOUTHEAST UNIVERSITY PRESS
·南京·

内容提要

本书旨在从基础着手,系统地介绍软件系统分析和体系结构设计的原理、方法和实践。全书分为 11 章,主要内容包括软件工程基础概述(第 1 章)、结构化分析和设计方法(第 2 章)、面向对象的分析和设计方法(第 3~7 章)以及软件体系结构设计(第 8~11 章)。

第 1 章系统介绍了软件工程的相关背景知识。第 2 章简要描述了传统的结构化方法的要点和分析设计的步骤。第 3~7 章详细讨论了面向对象方法的要点和分析设计的步骤,包括用例建模、静态建 8 模、动态建模和实现建模等,并以 UML 为建模语言,Rational Rose 为工具,给出了较完整的示例。第 8~11 章讨论了软件体系结构的风格、设计和评估等内容。

本书可以作为各类计算机相关专业本科学生的教科书,或者供软件开发人员参考,也适合推荐给有兴趣系统学习软件开发的非计算机专业的学生自学使用。

图书在版编目(CIP)数据

软件系统分析与体系结构设计 / 杨洋,刘全编著.
南京 : 东南大学出版社,2017.10(2025.2 重印)
ISBN 978 - 7 - 5641 - 7356 - 2

Ⅰ.①软…　Ⅱ.①杨…　②刘…　Ⅲ.①软件工程—系统分析 ②软件设计　Ⅳ.①TP311.5

中国版本图书馆 CIP 数据核字(2017)第 192543 号

软件系统分析与体系结构设计

出版发行	东南大学出版社
出 版 人	江建中
社　　址	南京市四牌楼 2 号
邮　　编	210096
经　　销	全国各地新华书店
印　　刷	江苏凤凰数码印务有限公司
开　　本	787 mm×1092 mm　1/16
印　　张	13
字　　数	316 千字
版　　次	2017 年 10 月第 1 版
印　　次	2025 年 2 月第 9 次印刷
书　　号	ISBN 978 - 7 - 5641 - 7356 - 2
定　　价	42.00 元

(本社图书若有印装质量问题,请直接与营销部联系。电话:025 - 83791830)

前　　言

　　软件系统分析与设计是软件工程的核心内容之一,也是软件工程等计算机相关专业本科生的一门重要必修课。分析和设计由于处在软件开发的前期,对软件产品的质量保障起着关键的基础作用。但在实际工程开发中,往往没有被足够重视,广泛存在需求定义不规范、分析不充分、模型和体系结构设计不合理等诸多问题,导致软件质量低劣且很难更正。本书旨在从基础着手,系统地介绍软件系统分析和体系结构设计的原理、方法和实践,可以作为各类计算机相关专业本科学生的教科书,或者供软件开发人员参考,也适合推荐给有兴趣系统学习软件开发的非计算机专业的学生自学使用。

　　本书首先复习了软件工程中的相关重要概念和背景知识,令没有软件工程基础的读者也能快速入门。这个部分特别强调了软件工程中的核心原则,即"系统化"、"规范化"和"可度量"。这也是本书的理论基础,在全书中贯穿始终。

　　其次,从软件工程中"模型+方法+工具"的多个角度,讨论了多种软件开发过程模型、结构化和面向对象方法、UML 工具和以 Rational Rose 为代表的 OOCASE,使读者全面理解这些概念之间的关系并灵活运用。

　　第三,本书特别将体系结构设计和系统分析有效结合讲解。编者在十余年的一线教学实践中发现,软件开发中如何选择、设计恰当的体系结构和开发框架与软件需求密不可分,而软件分析和设计中复用的思想也是当前体系结构设计中的核心要求。因而,将这两者结合讲解,更有利于学生对知识点的深入理解和实践运用。

　　第四,教材突出"主题+案例"式教学方法和过程的展示,提供了一批实际案例,其内容不仅仅是分析和设计的结果展示,更包含了完整的项目制作实例的过程记录。这些实例来源于编者的教学和开发实践,具有一定的应用价值。

　　最后,本教材从实践出发,特别加入了软件设计模式的内容,具体地讲述了如 MVC 等多个常用的设计模式,并给出了部分示范代码,提高了理论知识的可理解性和可操作性。

　　吴芝婧、王昇、陈鑫鑫等参加了本书的部分编撰工作。本书的编写得到了苏州大学计算机学院师生的支持,在此表示感谢。由于编者水平有限,时间仓促,难免有疏漏、谬误之处,恳请读者批评指正。

杨　洋

目　　录

第 1 章　软件工程概述

自 1968 年"软件工程"的概念提出至今,已有近半个世纪。作为一门从实践中抽象出来的年轻学科,软件工程的理论并未完全成熟,仍在实践中不断向前发展。软件系统的分析和设计是软件工程中的核心内容,能够从源头提高软件质量,避免软件危机的产生。而近年来基于面向对象的思想的迅猛发展和广泛应用,逐渐影响分析设计方法的改进,促进传统的软件开发方法不断更新。

本章将简要回顾软件工程发展中的历史里程碑,从系统层面探讨软件工程的开发模型,介绍经典的结构化方法和面向对象方法的基本要点,从应用层面了解软件工程的工具 CASE,从而帮助读者在具体应用领域最大限度地发挥思维能力和创造性,为开发高质量的软件系统提供支持。

❖ 学习目标

- 了解软件危机与软件工程的重要基本概念
- 理解软件开发的过程模型与基本方法
- 理解面向对象思想中的重要概念
- 了解软件工程工具 CASE

1.1　软件危机与软件工程

从 1946 年第一台计算机发明以来,微电子学技术的不断进步使得计算机硬件的性能和质量有了巨大且持续稳定的提高,著名的摩尔定律即描述了硬件发展的情况。与此同时,软件业也进入了一个高速发展的时期,但早期自由的软件开发方式、急剧膨胀的软件规模、日趋复杂的需求以及不断上升的软件成本,导致软件质量不尽如人意,开发效率非常低下。软件开发的滞后发展日益成为限制计算机技术在工业发展和国民生活中更广泛应用的关键因素。

更严重的是,计算机系统发展早期所形成的一系列错误概念和做法,已相当程度地阻碍了计算机软件的开发和维护,造成大量时间、人力、物力的浪费,从而导致软件危机的产生。

1.1.1　软件危机

软件危机泛指软件开发和维护过程中遇到的一系列严重的问题,概括来说包含两个方面:

（1）如何开发软件，以满足不断增长的、日趋复杂的要求；

（2）如何维护规模不断庞大的软件产品。

软件和硬件的开发、运行、维护过程有着本质的不同。从软件本身的特点来看，只要应用环境和应用需求没有发生改变，其运行和使用期间不会出现硬件那样的机械磨损、老化问题。如图1-1所示的是硬件失效率随时间变化的曲线，可以看到在硬件使用初期和磨损一段相当长的时间后，失效率较高，而在中间时间段，硬件工作状态稳定，失效率较低。如图1-2所示的是软件的理想失效率曲线和实际失效率曲线。在绝对理想情况下，虽然软件在其生命周期初期的失效率较高（这往往是由于用户对软件不够熟悉导致），但随着时间的推移，软件故障不断排除，失效率逐渐趋近于零，并且可以持续使用，永不失效；而实际中，软件在其生命周期内是需要根据应用环境和需求变化不断维护和更新的，因此故障曲线呈现锯齿状，并依然呈现上升的态势。

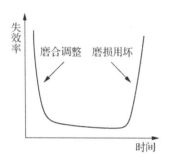

图1-1　硬件失效率曲线

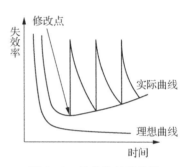

图1-2　软件失效率曲线

具体地说，软件危机主要体现在如下方面：

（1）软件开发成本日益增长；

（2）软件开发进度难以控制；

（3）软件质量难以保证；

（4）软件维护困难。

❖ 案例学习

◎ 丹佛新国际机场行李传送控制系统：该机场是美国面积最大及全世界面积第二大的机场，拥有美国最长的跑道。该机场计划投资1.93亿美元建立一个地下行李传送系统，总长21英里，有4 000台遥控车，可按不同线路在20家不同的航空公司柜台、登机门和行李领取处之间发送和传递行李；支持该系统的是5 000个电子眼、400台无线电接收机、56台条形码扫描仪和100台计算机。按原定计划要在1993年万圣节前启用，但一直到1994年6月，机场的计划者还无法预测行李系统何时能达到可使机场开放的稳定程度。

◎ IBM公司经典软件危机案例：该公司开发OS/360系统，共有4 000多个模块，约100万条指令，投入5 000人/年，耗资数亿美元，结果还是延期交付。在交付使用后的系统中仍发现大量（2 000个以上）的错误。

造成软件危机的原因有很多,例如:软件本身的复杂性、软件产品的特殊性、人们认识的局限性等。其中软件本身的复杂性是核心原因,它主要包括以下两点:

(1) 开发结构的逐渐复杂性。例如,Windows 95 有 1 000 万行代码,Windows XP 达到了 4 000 万行代码,而 Windows 7 使用了 20 多个开发小组、近千名程序员,即使经过代码复用和优化,代码总行数也超过了 5 000 万行。甚至以内核简洁著称的 Linux 在 2.6.27 版之后,其源代码也超过了 1 000 万行。

(2) 软件技术的发展复杂性。如图 1-3 所示,软件技术发展 5 个阶段的典型技术比较显示了软件技术逐渐复杂化的发展过程。

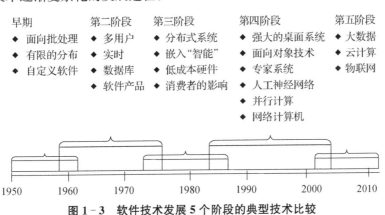

图 1-3　软件技术发展 5 个阶段的典型技术比较

要解决软件危机,技术(包括方法和工具)和必要的组织管理不可或缺。软件工程正是从技术和管理两方面,研究如何更好地开发和维护计算机软件的实践科学。

1.1.2　软件工程的定义

在 1968 年联邦德国召开的国际会议上正式提出并使用了软件工程这个术语,即运用工程学的基本原理和方法来组织和管理软件生产,从此人们对于软件开发是否已符合工程化思想这一核心问题进行了长达数十年的探索,并对软件工程这门学科有何自身特点等问题展开了广泛的讨论与研究,不同时代形成了对软件工程的不同定义,列举部分如下:

1. Fritz Bauer(1968) in NATO

"建立并使用完善的工程化原则,以较经济的手段获得能在实际机器上有效运行的可靠软件的一系列方法。"

2. IEEE(1983)

"软件工程是开发、运行、维护和修复软件的系统方法。"

3. IEEE(1993)

"(1) 将系统化的、规范的、可度量的方法应用于软件的开发、运行和维护的过程,即将工程化应用于软件中。

(2) 在(1)中所述方法的研究。"

可以看到,和其他工程学一样(建筑、电子、机械等),软件工程的核心在于采用工程化的概念、原理、技术和方法,把经过时间考验而证明正确的技术和管理方法结合起来,对软件进行系统化、规范化和可度量的开发。

我们把研究软件工程的科学称为软件工程学,其主体知识大致分为 10 个领域
(《SWEBOK 指南》,Guide to the Software Engineering Body of Knowledge),包括:

- 软件需求
- 软件设计
- 软件构造
- 软件测试
- 软件维护
- 软件配置管理
- 软件工程管理
- 软件工程过程
- 软件工程工具和方法
- 软件质量

对软件工程的研究常常从三个层面进行,分别是软件的开发模型、开发方法和开发工具。随着软件工程的发展,涌现了很多的模型、方法和工具,而且不断有新的模型、方法、工具被提出来。但本质上,无论使用何种模型、方法、工具以及它们的组合,运用软件工程的唯一目的是提高软件本身的质量。

1.2 软件开发过程模型

经典的软件工程思想将软件开发分为 5 个基本阶段,即需求分析、系统设计、系统实现、测试和维护,如图 1-4 所示。采用软件生命周期来划分软件的工程化开发,使得软件开发能够分阶段依次进行。

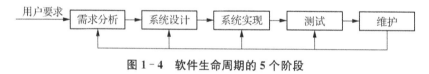

图 1-4　软件生命周期的 5 个阶段

一直以来软件开发的过程都是软件工程领域研究的重点,这是基于一个普遍认可的原理:"好的过程决定好的结果",因此人们设计出各种开发工具以及过程模型来反映软件生命周期内各种各个阶段的衔接和组织管理。软件开发过程模型将抽象的软件工程思想具体化,它是在不断地软件开发实践中总结出来的实施于过程模型的软件开发工具、方法和步骤。总的来说,软件开发过程模型是跨越整个软件生命周期的系统开发、运作、维护所实施的全部过程、活动和任务的结构框架。软件开发过程模型有很多,以下分别介绍三种基本的软件开发过程模型:线性模型、增量模型和螺旋模型。

1.2.1 线性模型

线性模型即瀑布模型,又称生存周期模型,由温斯顿·罗伊斯(Winston Royce)在 1970年提出。其核心思想是采用结构化的分析与设计方法将软件过程工序化,将功能的设计和实现分开,便于分工协作。线性模型将软件生命周期划分为软件计划、需求分析和定义、软件设计、软件实现、软件测试、软件运行和维护这 6 个阶段,规定了它们自上而下、相互衔接的固定次序,如同瀑布流水逐级下落。采用线性模型的软件开发过程如图 1-5 所示。

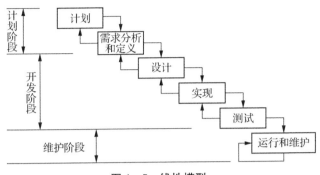

图 1-5 线性模型

线性模型是最早出现并唯一被广泛采用的软件开发过程模型,它提供了软件开发的基本框架,在软件工程中占有重要的地位。线性模型的本质是一次通过所有活动工序,最后得到软件产品。其特点是:

(1) 前一项活动的工作成果作为后一项活动的输入。

(2) 以这个输入为工作依据实施该项活动应完成的内容。

(3) 给出该项活动的工作成果,并作为输出传给下一项活动。

(4) 评审该项活动的实施,若评审通过,则继续下一项活动,否则返回之前的活动。

线性模型有利于软件开发过程中人员的组织及管理,有利于软件开发方法和工具的研究与使用,从而提高了软件项目开发的质量和效率。然而软件开发的实践表明,这种无法回溯的传统线性模型过于理想化,存在如下一些缺陷:

(1) 由于开发模型呈线性,所以当开发成果尚未经过测试时,用户无法得到直观结果。软件与用户接触时间间隔较长,增加了一定的风险。

(2) 软件开发前期未发现的错误可能扩散到开发后期的活动之中,因此软件项目开发可能会产生各种隐患。

(3) 复杂系统的软件需求分析阶段常常不能全面确定用户的所有需求,线性模型无法解决这一问题。

1.2.2 增量模型

增量模型是一种演化模型,其融合了线性模型的基本成分(重复应用)和原型实现模型的迭代特征,采用随着日程时间的进展而交错的线性序列,每一个线性序列产生软件的一个可发布的"增量"。当使用增量模型时,第一个增量往往是核心的产品,实现基本的需求,但很多补充的特征还没有发布。客户对每一个增量的使用和评估都作为下一个增量发布的新特征和功能,这个过程在每一个增量发布后不断重复,直到产生最终的完善产品。采用增量模型的软件开发过程如图 1-6 所示。

增量模型与原型实现模型和其他演化方法一样,本质上是迭代的,但与原型实现模型不一样的是,其强调每一个增量均发布一个可操作产品。例如,某一个采用增量模型开发的图形处理软件,在第一个增量中提供基本的图形编辑、管理和文档生成等功能,在第二个增量中提供复杂的图形编辑和管理功能,在第三个增量中提供扩展工具功能,在第四个增量中提供高级的图层设计与排版功能,而任何增量的过程都可能使用原型实现模型。

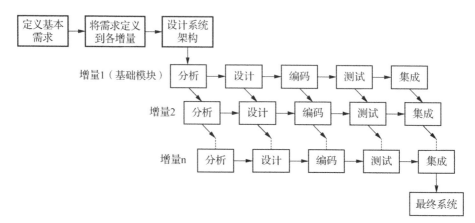

图 1-6   增量模型

增量模型的优点是灵活性高,如果项目既定期限前人力资源不足,增量模型就会特别有用。它提供了一种先推出核心产品的途径,如果核心产品口碑很好,则可增加人力实现下一个增量。这样即可先发布部分功能给客户,不至于造成项目过分延期,也能够有计划地避免和管理技术风险。但是,增量模型也存在一定的缺陷:

(1) 如果增量包之间存在相交的情况,则需要具备开放式的体系结构,做全盘系统分析,必须不破坏已构造好的系统部分。

(2) 这种模型将功能细化后适用于需求经常改变的软件开发过程,但容易退化成边做边改模型,从而失去整体性。

1.2.3   螺旋模型

螺旋模型由 Barry Boehm 在 1988 年提出,是一种演进式软件开发过程模型。整个模型紧密围绕开发中的风险分析,强调持续的判断、确定和修改用户的任务目标,并按成本、效益来分析候选的软件产品对任务目标的贡献。其将软件开发过程组成为一个逐步细化的螺旋周期,每经历一个周期,系统就得到进一步的细化和完善,推动着软件设计向深层扩展和求精。

螺旋模型通常用来指导大型软件项目的开发。图 1-7 显示了螺旋模型的原理,沿着螺旋线旋转,笛卡儿坐标系的四个象限分别表达以下四类活动:

(1) 制订计划:决定软件目标,选定实施方案并明确项目开发的限制条件。

(2) 风险分析:分析评估方案,识别和消除风险。

(3) 实施开发:实施软件开发和验证。

(4) 客户评估:评价软件功能,提出修正建议并制定下一步计划。

从图 1-7 中可以看到,沿着螺旋线每转一圈,表示开发出一个更完善的新版本的软件。多数情况下沿着螺旋线继续下去并向外逐步延伸,最终会得到满意的软件产品。

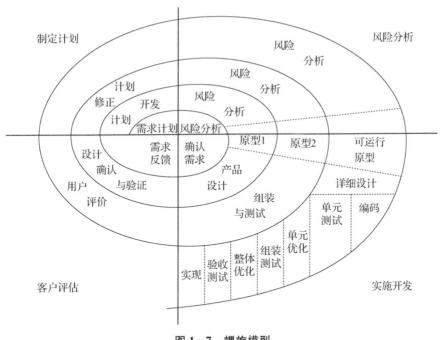

图 1-7 螺旋模型

与线性模型相比,螺旋模型支持用户需求的动态变化,方便用户参与软件开发的所有关键决策,有助于提高目标软件的适应能力;方便项目管理人员及时调整管理决策,从而降低了软件开发风险。

但是,我们不能说螺旋模型绝对比其他模型优越,事实上,这种模型也有如下问题需要解决:

(1) 采用螺旋模型需要具备相当丰富的风险评估经验和专门知识,在风险较大的项目开发中,如果未能够及时识别风险,势必造成重大损失。

(2) 螺旋模型不适用于合同项目的开发模型,因为必须在签订合同前考虑清楚开发项目的风险,因风险分析导致中途停止开发就会造成一定的经济损失。

(3) 过多的迭代次数会增加开发成本,延迟提交时间。

在开发过程中,项目经理需要根据项目实际情况和开发人员情况,灵活选择、组合不同的开发过程模型,甚至可以发明新的开发模型,以提高开发效率,保证软件质量,切忌教条主义。

1.3 软件系统分析与设计的重要性

需求分析阶段中分析人员根据计划阶段产生的可行性研究报告以及项目开发计划等,从系统的角度理解软件并确定目标系统的综合需求,提出这些需求的实现条件以及需求应达到的标准,即确定软件系统“做什么”。设计阶段中设计人员根据需求分析的结果,对整个软件系统进行整体和详细设计,具体包括算法设计、系统框架设计、数据库设计等,即确定软件系统“怎么做”。

分析和设计在软件工程中的重要性体现在其发生在软件系统的定义阶段。其中需求分析阶段为整个软件开发项目的顺利进行和成功打下良好的基础,而设计阶段则为软件程序的编写打下良好的基础。这两个阶段若做好,可以从根本上减少整个软件开发过程中耗费的时间及相应的开发成本;反之,如果对系统的需求分析阶段不重视,所开发的软件无法准确反映用户的需求甚至发生错误,所带来的损失将是不可估量的,而设计阶段的失误通常需要开发人员付出大量时间和成本进行弥补,甚至会导致项目进入"死亡行军",最终不得不完全推翻重新进行。

1.4 软件开发方法

从 20 世纪 60 年代的手编程序到 70 年代的结构化分析和设计方法,到 80 年代 CASE 工具和环境的研制,再到 20 世纪 90 年代至今的软件复用和构件框架技术的广泛应用,越来越多的实际开发方法被世人提出。方法是一种把人的思维和行动结构化的明确方式,软件工程的方法解决了开发软件在技术上需要"如何做"的问题。目前主流的软件开发方法有两类:结构化方法和面向对象方法。

1.4.1 结构化方法

结构是指系统内各组成要素之间相互联系、相互作用的框架。结构化方法也称面向过程的方法或传统软件工程开发方法,由 E. Yourdon 和 L. L. Constantine 于 1978 年提出,其特点是自顶向下地分析与设计,逐步求精,在获取完整的需求之后实施开发,建立系统并测试部署。结构化方法强调系统结构的合理性以及所开发的软件的结构合理性,因此提出了一组提高软件结构合理性的准则,如分解和抽象、模块独立性、信息隐蔽等。针对不同的开发活动,有结构化分析、结构化设计、结构化编程和结构化测试等方法。面向数据流的方法是结构化方法家族中的一员,它具有明显的结构化特征。

1) 结构化分析

结构化分析的基本步骤如下:

(1) 分析用户当前需求,创建实体-关系图并据此做出反映当前物理模型的数据流图。

(2) 推导出等价的逻辑模型的数据流图。

(3) 设计新的逻辑系统,生成数据字典和基元描述。

(4) 建立人机接口界面,提出可供选择的目标系统的物理模型数据流图。

(5) 确定各种方案的成本和风险等级,据此对各种方案进行分析。

(6) 选择一种方案。

(7) 建立完整的需求规约。

2) 结构化设计

结构化设计给出一组帮助设计人员在模块层次上区分设计质量的原理与技术,通常和结构化分析衔接起来使用,以数据流图为基础得到软件模块结构。结构化设计方法尤其适用于变换型结构和事务型结构的目标系统。在设计过程中,它从整个程序的结构出发,利用模块结构图表述程序模块之间的关系。

结构化设计的步骤如下：

(1) 评审和细化数据流图。

(2) 确定数据流图的类型。

(3) 把数据流图映射到软件模块结构,设计出模块结构的上层。

(4) 基于数据流图逐步分解高层模块,设计中下层模块。

(5) 对模块结构进行优化,得到更为合理的软件结构。

(6) 描述模块接口。

1.4.2 面向对象方法

面向对象(OO)方法是当前计算机界关心的重点,已经深入到软件领域几乎所有分支,是软件开发方法的一次飞跃。面向对象方法认为:现实客观世界是由对象组成的,任何客观的事物和实体都是对象,复杂对象可以由简单对象组成;对象可以被归类、描述、组织、组合、创建和操纵;类可以派生出子类,继承能避免共同行为的重复;对象间通过消息传递进行联系。

面向对象方法包括面向对象分析(OOA)、面向对象设计(OOD)、面向对象编程(OOP)等。它是一种自底向上的归纳和自顶向下的分解相结合的方法,通过对象模型的建立,能够真正基于用户的需求进行软件开发,而且系统的可维护性大大改善。

自 20 世纪 80 年代开始,5 年之内面向对象方法迅速从 5 种发展到 50 种以上。比较著名的面向对象方法包括:

(1) Booch 方法:这是由 Booch 提出的面向对象开发方法。Booch 最先描述了面向对象的软件开发方法的基础问题,指出面向对象开发是一种根本不同于传统的功能分解的设计方法。面向对象的软件分解更接近人对客观事务的理解,而功能分解只能通过问题空间的转换来获得。布什(Booch)方法现今居于领导地位。

(2) OMT 方法:这是 1991 年由 James Rumbaugh 等人提出来的面向对象建模技术。该方法对真实世界的对象建模,然后围绕这些对象使用分析模型来进行独立于语言面向对象的建模和设计。该方法为大多数应用领域的软件开发提供了一种实际的、高效的保证,努力寻求一种问题求解的实际方法。

(3) Coad 方法:这是 1989 年由 Coad 和 Yourdon 提出的面向对象开发方法。该方法的主要优点是将多年来大系统开发的经验与面向对象概念有机结合,在对象、结构、属性和操作的认定方面提出了一套系统的原则。该方法完成了从需求角度进一步进行类和类层次结构的认定。

此外还有 OOSE 方法(由 Ivar Jacobson 提出)、雪莉-米勒方法(由 Shlaer 和 Mellor 提出)等。

面向对象方法是一种模型化设计的抽象方法,结构上具有良好的高内聚低耦合特性。采用面向对象技术设计和开发的软件系统更易于维护,在对系统进行修改时,能够产生较少的副作用。同时,面向对象技术提出了类、继承、封装、接口等概念,为对象的复用提供了良好的支持机制,因此采用面向对象技术对软件产品进行设计和开发,能有效地提高软件组织的开发效益。另外,面向对象方法与技术在需求分析、可维护性和可靠性这 3 个软件开发的关键环节和质量指标上有了实质性的突破,基本解决了软件开发在这方面存在的严重问题,成为当前分析、设计和开发软件产品的首选范型。业界关于面向对象可视化建模的标准是适用统一建模语言(UML)。

统一建模语言(UML)独立于特定开发语言和开发过程,提供了了解建模语言的一个基本手段,它推动了OO工具市场的成长,并支持更高层的开发概念,如协同、框架、模式和构件,是最佳实践经验的集成。

运用面向对象技术进行软件系统的分析设计是本书的核心内容,其开发方法在后面章节会做详细介绍。

1.5 软件工程工具

这里所讨论的软件工程工具泛指软件开发全过程中使用的各种程序系统,具体来讲就是开发人员在系统分析、设计、编程、测试等过程中应用的一系列辅助软件工具。例如,在设计、分析阶段有 PSL/PSA、AIDES、SDL/PAD 等;在编程阶段有 BASIC 编译器、PASCAL 编译器等。

软件工具通常由工具、工具接口和工具用户接口 3 部分组成。工具通过工具接口与其他工具、操作系统或网络操作系统及通信接口、环境信息库接口等进行交互作用,当工具需要与用户进行交互作用时,则通过工具的用户接口来进行。软件工具能在软件开发各个阶段帮助开发者控制开发的复杂性,提高工作质量和效率。随着软件工程思想的日益深入,计算机辅助软件开发工具和开发环境得到越来越广泛的应用。

1.5.1 计算机辅助软件工程

计算机辅助软件工程(Computer-Aided Software Engineering,CASE),原指支持管理信息系统开发的、由各种计算机辅助软件和工具组成的大型综合性软件开发环境,但随着各种工具和软件技术的产生、发展、完善和集成,其逐步由单纯的辅助开发工具环境转化为一种相对独立的方法论。注意,CASE 用作方法支持,其有效性需要通过集成达到。一般的CASE 环境需要网络的支持,允许若干软件工程师在某个环境中同时使用相同或不同的软件工具相互通信协同工作。CASE 技术是软件技术发展的产物,它既起源于软件工具的发展,又起源于软件开发方法学的发展,同时还受到实际应用发展的驱动。CASE 环境的核心是软件工程信息库。CASE 工具及其环境的开发和使用是软件工业化的产物,已引起工业界的普遍重视,也成为软件工程学科的一个重要研究领域。

1.5.2 CASE 工具的分类

支持软件工程活动的软件工具品种多、数量大,都是在软件工程信息库的支持下工作的。可以根据软件工具的功能、作用、使用方式等对其进行分类。一般来说,按照 CASE 工具的功能,可将其划分为以下 9 类。

1) 事务系统规划工具(Business System Planning Tools)

这类工具为定制事务信息系统规划提供元模型。利用元模型可以生成专用事务信息系统模型,该模型反映了一个单位各部门之间的信息流程。建立专用事务信息系统模型需要提供系统资源、模型运行方式和管理方法。

2) 项目管理工具(Project Management Tools)

这类工具主要用于让管理人员有效地估算软件项目所需的工作量、成本和研制周期等,定义功能分解结构,并制定可行的项目开发计划。项目管理员可从 CASE 工具箱中挑选适当的工具,估算项目的工作量和成本、制定进度计划等。目前常用的项目管理工具有 Rational Clear Case、CVS 和 Microsoft Project 2000 等。

3) 支撑工具(Support Tools)

这类工具支持软件开发和维护的全过程,包括文档工具、操作系统、网络系统软件、质量保证工具、软件配置管理工具、数据库管理工具等。

4) 分析与设计工具(Analysis and Design Tools)

这类工具主要用于建造系统模型,包括数据表示、数据内容、控制流、控制规格说明、进程表示等。它还能帮助评价模型的质量,检查模型的一致性和正确性。主要包括结构化分析/结构化设计工具、面向对象分析和面向对象设计(OOA/OOD)工具、原型/模拟工具、界面设计和开发工具等。

5) 程序设计工具(Programming Tools)

这类工具用于软件开发过程中的编码活动。主要包括传统的程序设计工具(如各种编辑器、编译器、调试器)、第四代程序设计工具(如数据库查询系统代码产生器、第四代语言(4GL))、面向对象程序设计工具等。

6) 测试与分析工具(Test and Analysis Tools)

这类工具支持软件开发过程中的测试活动,包括测试数据获取工具、程序静态(非执行状态)测量工具、程序动态(执行状态)测量工具、硬件或其他外部设备的模拟工具、测试管理(测试流程管理、缺陷跟踪管理、测试用例管理)工具等。

7) 原型建造工具(Prototyping Tools)

这类工具通常支持某一领域的原型建造,带有一定的专用性(如通信、航空、航天)。较低级的原型可以用手工或机器描述系统的结构、功能和人机界面等,这样的原型是静态的、不能执行的。较好的原型工具不仅能描述系统的特征和功能,还可以生成可执行代码,演示系统的动态行为和功能。近年来,某些原型工具开始借助知识库来理解应用领域的知识,建造可执行的原型系统。

8) 维护工具(Maintenance Tools)

这类工具支持软件维护。按功能划分,包括从程序到规格说明的逆向工程工具、代码的重构和分析工具、在线系统的重新工程化工具(如修改在线数据库系统)。

9) 框架工具(Frame Tools)

这类工具是用于数据库管理、配置管理和 CASE 工具集成的软件工具。

1.5.3 集成化 CASE 环境

集成工具与提高工具的互操作性是当前 CASE 发展的主要趋势。20 世纪 90 年代,

CASE 工具逐渐发展成为集成化的 CASE 环境。

1. CASE 集成环境的定义

"集成"的概念首先用于术语 IPSE(集成工程支持环境),而后用于术语 ICASE(集成计算机辅助软件工程)和 ISEE(集成软件工程环境)。工具集成是指工具协作的程度。集成在一个环境下的工具的合作协议包括数据格式、一致的用户界面、功能部件组合控制和过程模型。

1) 界面集成

界面集成的目的是通过减轻用户的认知负担而提高用户使用环境的效率和效果,因此要求不同工具的屏幕表现与交互行为要相同或相似。表现与行为集成包括工具间的用户界面在词法水平上的相似(鼠标应用、菜单格式等)和语法水平上的相似(命令与参数的顺序、对话选择方式等),甚至包含两个工具在集成情况下交互作用时,应该有相似的反应时间。界面集成性的好坏还反映在不同工具在交互作用范式上是否相同或相似,也就是说,集成在一个环境下的工具能否使用同样的比喻和思维模式。

2) 数据集成

数据集成的目的是确认环境中的所有信息(特别是持久性信息)都作为一个整体数据能被各部分工具操作或转换。衡量数据的集成性,往往从通用性、非冗余性、一致性、同步性、交换性 5 个方面去考虑。

3) 控制集成

控制集成是为了让工具共享功能。以下两个属性定义了两个工具之间的控制关系:一是供给,指一个工具的服务在多大程度上能被环境中另外的工具所使用;二是使用,指一个工具对环境中其他工具提供的服务能使用到什么程度。

4) 过程集成

过程为开发软件所需要的阶段、任务和活动序列,许多工具都是服务于一定的过程和方法的。过程集成性是指工具适应不同过程和方法的潜在能力有多大。很明显,那些极少做过程假设的工具(如大部分的文件编辑器和编译器)比起那些做过许多假设的工具(如按规定支持某一特定设计方法或过程的工具)要易于集成。在两个工具的过程关系上,具有三个过程集成属性:过程段、事件和约束。

2. 集成化的 CASE 环境的体系结构

集成化的 CASE 环境的体系结构如图 1-8 所示,包括用户界面层、工具集成层、对象管理层和软件工程信息库。

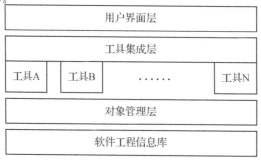

图 1-8 集成化的 CASE 开发环境的体系结构示意图

1）用户界面层

由一个标准化的统一的界面工具箱和各种 CASE 工具所共同遵守的界面协议所组成。

2）工具集成层

主要完成对构成集成 CASE 开发环境的所有工具的管理和协调任务。

3）对象管理层

主要完成在集成 CASE 开发环境中对软件开发信息的管理和集成，实现 CASE 工具与信息的集成以及信息与信息的集成。

4）软件工程信息库

在整个集成 CASE 开发环境中，软件工程信息库处于一个核心地位，是其他层次模块的基础。

3. 集成化的 CASE 环境应该满足的要求

（1）建立软件工程信息库，允许 CASE 环境中的所有工具访问该数据库，共享软件工程信息。软件工程数据库存储软件工程项目在生命周期中的全部信息，包括项目合同、计划、进度、软件设计文档、软件模块、测试方案等，是软件工程环境的核心。

（2）当对数据库中的某一项信息进行修改时，环境提供相关信息项的修改控制机制。

（3）为软件工程信息提供版本控制和管理机制配置。

（4）允许直接或随机地访问环境中的任何工具。

（5）自动支持软件工程项目的任务分解并提供标准工作分解结构。

（6）支持工程师之间的通信。

（7）在软件开发工程中，能对项目的孤立和采用的技术进行度量，以便控制软件工程的过程和软件学习质量。

（8）帮助用户学习、使用环境中的每一个软件工具，验证工具的功能，体验人机界面环境。

1.6　本章小结

本章回顾了软件工程产生的背景、软件工程的定义，以及软件工程学中的三个核心元素：开发过程模型、方法和工具。对于开发过程模型，重点介绍了经典的线性模型、增量模型以及螺旋模型，并讨论了它们的特点和应用范围。然后，简单描述了软件工程中的结构化方法和面向对象方法，系统介绍了软件工程工具 CASE 的分类和集成化 CASE 环境。

在软件工程使用过程中，需求分析和设计处于开发的定义阶段，因而对整个软件质量的保障具有最为重要的基础作用。本书的以下章节将继续深入阐述系统分析与设计阶段的具体内容、方法和工具。

1.7　思考与练习

（1）简述软件危机的原因和表现。

（2）简述软件工程的定义。

（3）简述软件系统分析与设计在软件开发中的重要性。

（4）简述线性模型、增量模型和螺旋模型的特征和优缺点。

（5）简述结构化开发方法和面向对象方法的异同。

（6）简述计算机辅助软件工程（CASE）的定义和分类。

第 2 章　结构化分析和设计方法

结构是指系统内各组成要素之间相互联系、相互作用的框架。结构化方法也常被称为面向过程的方法或传统软件工程开发方法,由 E. Yourdon 和 L. L. Constantine 于 1978 年提出,其特点是自顶向下地分析与设计,逐步求精,在获取完整的需求之后实施开发、建立系统并测试部署。

软件开发始于可行性研究,可行性研究通常从经济可行性、技术可行性、法律可行性和用户操作可行性等方面进行。本章主要讨论的是在确立了软件开发的可行性之后,如何运用结构化的思想、工具和方法,逐步进行分析和设计。

❖ **学习目标**

- 理解结构化分析和设计方法的思想和基本过程
- 了解并使用结构化分析中的工具数据流图、实体-联系图和状态-迁移图等
- 了解并使用结构化设计中的工具软件结构图、流程图、NS 图等
- 能应用结构化方法进行软件系统的分析设计

2.1　结构化分析

需求分析的过程可以分成四个阶段:

1) 问题识别(需求获取)

(1) 研究系统的可行性分析报告和软件项目实施计划。

(2) 从系统角度来理解软件并评审用于产生计划估算的软件范围是否恰当。

(3) 确定对目标系统的需求。

(4) 提出这些需求的实现条件,以及需求应达到的标准。

2) 分析与综合(需求建模)

(1) 进行各种要求的一致性检查。

(2) 逐步细化所有的软件功能。

(3) 分解数据域并分配给各个子功能。

（4）找出系统各成分之间的联系、接口特性和设计限制。

（5）判断是否存在不合理的用户要求或用户尚未提出的潜在要求。

（6）综合成系统的解决方案,给出目标系统的详细逻辑模型。

3）需求描述:编制需求分析阶段的文档

（1）编制软件需求规格说明(SRS)。

（2）编制初步的用户手册(User Guide)。

（3）确认测试计划。

（4）修改和完善软件开发计划。

4）需求评审(验证)

作为需求分析阶段工作的复查手段,应该对功能的正确性、文档的一致性、完备性、准确性和清晰性以及其他需求给予评价。

在软件工程的发展过程中,结构化方法有很多分支,包括面向数据流的结构化分析方法(SA),面向数据结构的 Jackson 方法（JSD）,面向数据结构的结构化数据系统开发方法(DSSD)等,但结构化分析的主要思路如图 2-1 所示。

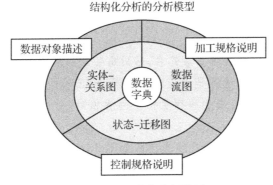

图 2-1 结构化分析模型

在需求分析阶段描述数据对象和它们之间的关系时可使用实体-关系图(E-R 图)。例如,在教学管理中,一个教师可以教授零门、一门或多门课程,每位学生也需要学习几门课程。因此,教学管理中涉及的对象(实体型)有学生、教师和课程。

2.1.1 功能建模

最初,结构化分析方法仅讨论数据流建模。目标系统被表示成如图 2-2 所示的数据变换流程图,系统的功能体现在核心的数据变换中。

功能建模就是用抽象模型的概念,按照软件内部数据传递、变换的关系,自顶向下逐层分解,直到找到满足功能要求的所有可实现的软件为止。

根据 DeMarco 的论述,功能模型使用了数据流图(DFD)来表达系统内数据的运动情况,而数据流的变换则用结构化语言、判定表与判定树来描述。

图 2-2 DFD 建模思想

2.1.2 数据流图

数据流图的组成元素有且仅有 4 个,即数据加工数据源、数据流和数据存储(如图 2-3 所示)。其中数据加工是核心,它将数据源或上级数据加工传来的数据流进行变换,得到新的数据流,再转发给下级数据加工或外部的实体,重要的数据可进行存储。因此,每个数据加工至少应有 1 个输入数据流和 1 个输出数据流。

图 2-3 DFD 的组成元素

以下提供几个简单的需求建模供读者理解数据流图建模的方法。

❖ **案例学习**

某学校领书的流程如下:

班长填写领书单,经班主任审查后签名,然后班长拿领书单到书库领书。书库保管员审查领书单是否有班主任签名,填写是否正确等情况,不正确的领书单退回给班长;正确则给予领书并修改库存清单。当某书的库存量低于临界值时,登记缺书信息。每天下班前为采购部门提供一张缺书登记单。

根据上述流程可画出领书流程的数据流图如图 2-4 所示。

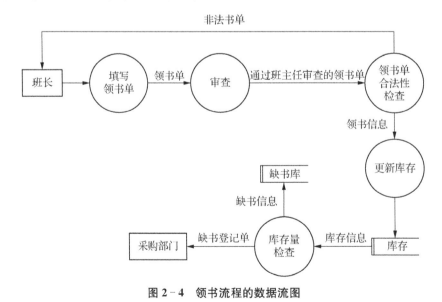

图 2-4 领书流程的数据流图

❖ 案例学习

有一用于商业销售事务处理的统计软件包,其功能要求如下:

(1) 根据顾客的订单记录(系统文件)进行各种统计分类包括:

① 根据销售日期的分类;

② 根据顾客区域的分类;

③ 根据货物品种的分类;

④ 根据顾客名字的分类。

(2) 生成分类的统计报表。

根据要求可画出该软件包的数据流图如图2-5所示。

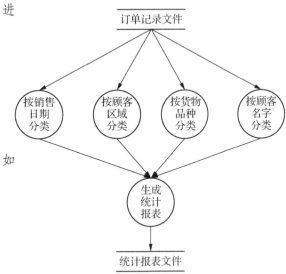

图 2-5 统计软件包的数据流图

❖ 案例学习

高考录取统分子系统有如下功能:

(1) 计算标准分:根据考生原始分计算得到标准分,存入考生分数文件;

(2) 计算录取线:根据标准分、招生计划文件中的招生人数计算录取线,存入录取线文件。

根据要求可画出该系统的数据流图如图2-6所示。

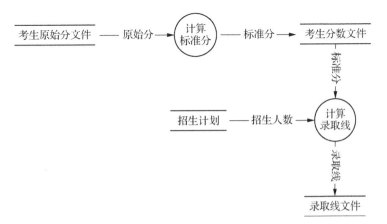

图 2-6 高考招生系统的数据流图

17

2.1.3　层次化数据流图

当系统的需求比较复杂的时候,为了更清楚地表达数据处理过程,需要采用层次化数据流图。在需求分析时应按照系统需求的层次结构逐步分解,并以分层的数据流图反映这种结构关系,以达到化繁为简的目的。

通常顶层流图仅包含一个加工,即待开发系统。它的输入流是该系统的所有外部输入数据,输出流则是系统所输出的所有数据。底层流图是指其加工不需再做分解的数据流图,处在最底层。中间层流图则是对其上层父图的细化。它的每一个加工可能继续细化,形成子图。图2-7是一个分层数据流图的示意图。

运用层次化数据流图建模的核心要点在于父图与子图的平衡。即上一层数据流图(父图)里面的某个加工被分解为下一层数据流图(子图)里的多个数据加工时,其所有的输入数据流、输出数据流应该完全被继承到子图中,保持父图与子图的完全一致,否则将会带来需求分析中的严重错误。

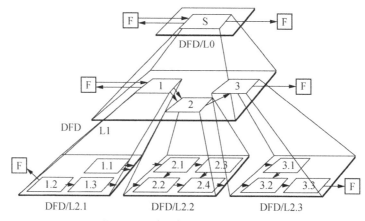

图2-7　分层数据流图的示意图

2.2　概要设计

结构化设计方法是在模块化思想、自顶向下逐步细化原则和结构化程序设计的基础上发展起来的。结构化设计与结构化分析密不可分,设计中的每一个步骤及产生的模型、文档都必须在需求分析中找到来源,其对应关系如图2-8所示。

结构化设计方法实施的步骤是:

(1)研究、分析和审查数据流图。从软件的需求规格说明中弄清数据流加工的过程,对于发现的问题及时解决。

(2)根据数据流图确定数据处理的类型。典型的数据类型有两种:变换型和事务型。针对两种不同类型分别进行分析处理。

(3)由数据流图推导出系统的初始结构图。

（4）利用一些启发式原则改进系统初始结构图，直到得到符合要求的结构图为止。

（5）修改和补充数据字典。

（6）制订测试计划。

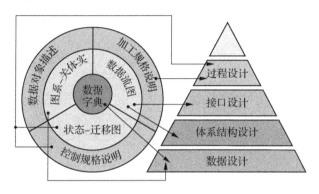

图 2-8　结构化分析与结构化设计的关联

软件结构图（SC 图）是结构化设计中划分模块的重要工具，SC 图中的模块分为以下 4 种：

（1）传入模块：从下属模块取得数据，进行某些处理后将其传送给上级模块。它传送的数据流叫做逻辑输入数据流。

（2）传出模块：从上级模块获得数据，进行某些处理后将其传送给下属模块。它传送的数据流叫做逻辑输出数据流。

（3）变换模块：从上级模块取得数据，进行特定的处理后将其转换成其他形式，再传送回上级模块。

（4）协调模块：对所有下属模块进行协调和管理的模块。

变换型数据处理是结构化设计中一类常见的问题，其工作过程大致分为三步，即取得数据、变换数据和给出数据。对应于取得数据、变换数据和给出数据，变换型系统结构图由输入、中心变换和输出三部分组成，如图 2-9 所示。

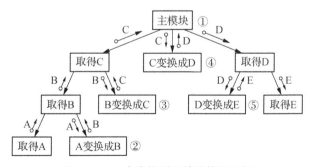

图 2-9　一个变换型系统结构图示例

变换分析方法由以下四步组成：

（1）审核数据流图。

（2）区分有效（逻辑）输入、有效（逻辑）输出和中心变换部分。

（3）进行一级分解，设计上层模块。

（4）进行二级分解，设计输入、输出和中心变换部分的中、下层模块。

图 2‑10 是一个对数据流图进行变换分析进而设计出对应结构图的示例。

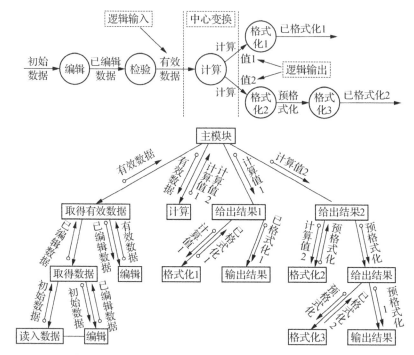

图 2‑10 对数据流图进行变换分析获取结构图的示例

模块化设计的原则：

（1）在选择模块化设计的次序时，必须在一个模块的全部直接下属模块都设计完成之后，才能转向另一个模块的下层模块的设计。

（2）使用"黑盒"技术：在设计当前模块时，先把该模块的所有下层模块定义成"黑盒"，在设计中利用它们时暂不考虑其内部结构和实现。上一步定义的"黑盒"在下一步中就可以对它们进行设计和加工。最后，全部"黑盒"的内容和结构应完全被确定。

（3）在设计下层模块时，应考虑模块的耦合和内聚问题，尽可能做到高内聚低耦合，以提高初始结构图的质量。

（4）划分模块时，一个模块的直接下属模块一般在 5 个左右。如果直接下属模块超过 10 个，可设立中间层次。

（5）如果出现以下情况，就应该停止模块分解：

① 模块不能再细分为明显的子任务；

② 分解成用户提供的模块或库函数；

③ 模块接口是输入输出设备传送的信息；

④ 模块不宜再分解得过小。

2.3 模块详细设计

2.3.1 流程图

流程图是所有程序设计的基础,结构化的程序设计分为"顺序""选择"和"循环"三种基本结构。更细地,可以分为如图 2-11 所示的 5 种基本控制结构。

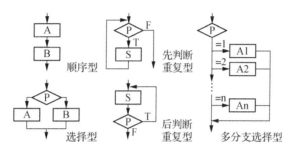

图 2-11 流程图五种基本控制结构

图 2-12 是一个带有两层循环的流程图示例。

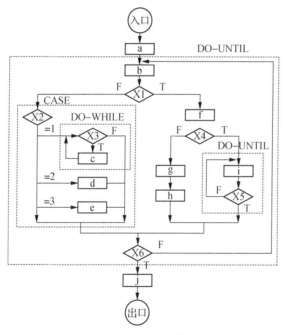

图 2-12 流程图应用示例

2.3.2 N-S 图

N-S 图也叫做盒图,由美国学者 I. Nassi 和 B. Shneiderman 在 1973 年提出。N-S 图中将全部算法写在一个矩形框内,在框内还可以包含其他从属于它的框。5 种基本控制结构由 5 种图形构件表示(图 2-13)。N-S 图的优点在于强制设计人员按结构化程序设计方法思考并描述设计方案。因为不提供任何其他描述手段(如颇具争议性的 goto 语句),从而有效地保证了设计的质量,也保证了程序的质量。这一点 N-S 图比流程图表现得更出色。

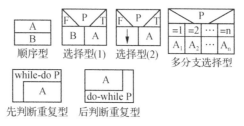

图 2-13　N-S 图的五种基本控制结构

图 2-14 给出了一个 N-S 图的应用示例。

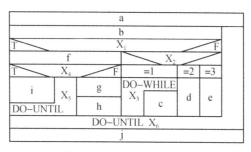

图 2-14　N-S 图应用示例

N-S 图还有一个优点是可以表示嵌套的设计,例如图 2-14 也可以画成如图 2-15 所示的形式,使得模型更清晰易懂。

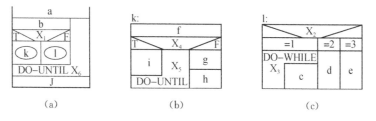

图 2-15　N-S 图的嵌套表示

2.4　本章小结

本章阐述了结构化分析和设计方法的基本流程。结构化方法是软件工程的经典方法,特点在于自顶向下,逐步求精。

结构化分析主要包括功能建模和数据建模,通常使用数据流图(DFD)和实体-联系图(E-RD)来描述。数据流图是本章描述的一个重点,其价值在于通过数据流的变化来寻找加工,也就是对系统功能的逐步细化。对于比较复杂的系统,需要使用分层的数据流图来表述,建模中需要特别注意的是父图与子图的平衡。实体-联系图表达了具体的业务数据之间的关联关系,所以图中的联系以及由联系产生的属性比实体本身的属性更重要。

结构化设计通常分为概要设计和详细设计两阶段。概要设计阶段的重点在于合理划分系统模块,指导模块划分的原则是保证模块之间的高内聚低耦合原则。概要设计阶段使用的工具是软件结构图。如何从需求分析中的数据流图出发,推导和设计出合理的软件结构图,是实际开发中的难点。而进入到详细设计阶段,建议使用 N-S 图这样符合结构化程序设计语言规范的工具来定义模块内部的流程。

结构化方法虽然不是本书介绍的重点,但作为经典方法,它是后续的面向对象方法的基础。实际上,结构化方法与面向对象方法并无矛盾之处,结构化方法的基本原则,如模块化、自顶向下逐步细化等,在面向对象方法中同样适用。因此,学习结构化方法,掌握其开发步骤,有助于更深入地理解和学习面向对象方法。

2.5　思考与练习

(1) 结构化方法的基本思想是什么?

(2) 结构化分析方法的实施步骤有哪些? 可以使用哪些工具来帮助建模?

(3) 结构化设计方法的实施步骤有哪些? 有哪些工具可以帮助建模? 结构化设计的原则是什么?

(4) 结构化分析方法和结构化设计方法之间的关系如何。

(5) 银行柜员机取款系统有如下功能要求:

 ① 用户用银行卡取款;

 ② 如银行卡无效,则退回并显示出错;

 ③ 对用户输入的密码进行确认检查,非法密码被拒绝;

 ④ 核查用户的取款额,超支被拒绝;

 ⑤ 登录一笔合法取款,更新账卡;

 ⑥ 生成付款通知,经确认后支付现金。

试根据要求画出该问题的数据流图,并把其转换为软件结构图。

(6) 一个图书馆的预订图书子系统有如下功能要求:

 ① 由出版社提供书目给订购组;

 ② 订购组从各单位取得要订的书目;

 ③ 根据供书目录和订书书目产生订书文档留底;

 ④ 将订书信息(包括数目、数量等)反馈给出版社;

 ⑤ 将未订书目通知订书者;

 ⑥ 对于重复订购的书目由系统自动检查,并把结果反馈给订书者。

试根据要求画出该问题的数据流图,并把其转换为软件结构图。

第3章 面向对象分析和设计方法概述

随着目标系统的复杂度日益提高,经典的结构化方法不能满足开发质量的需要,因此面向对象方法逐渐成为软件开发方法的主流。统一建模语言(Unified Modeling Language,UML)是一种通用的可视化建模工具,它能很好地支持面向对象软件开发过程的各个阶段,已获得了工业界和学术界的广泛认可和支持,成为面向对象分析和设计方法的实际建模标准。

本章将首先概述面向对象的核心概念,然后讨论面向对象的开发过程。在此基础之上,将介绍 UML 的发展历史、基本组成要素及其应用领域,并介绍使用了面向对象的统一开发过程(RUP)以及一种 UML 的可视化建模工具 Rational Rose。

❖ **学习目标**

- 理解面向对象技术的核心概念与开发过程
- 了解 UML 的发展历史
- 掌握 UML 的基本图标元素和表示 UML 软件系统体系结构的 5 种视图
- 理解 UML 的模型结构
- 理解 UML 的公共机制和扩展机制
- 理解 RUP 的核心概念,理解 RUP 的组织框架
- 了解 OOCASE:Rational Rose 工具

3.1 面向对象的核心概念

面向对象(Object-Oriented,OO)方法于 20 世纪 60 年代后期被提出,从面向对象程序设计语言开始,在实践中逐渐形成面向对象分析方法和面向对象设计方法,最终形成了一套涵盖整个软件开发生命周期的系统的软件开发方法。

什么是面向对象? Coad-Yourdon 给出了一个定义:面向对象＝对象(Object)＋类(Class)＋继承(Inheritance)＋通信(Messages)。如果一个软件系统是使用这样 4 个概念设计和实现的,则认为这个软件系统是面向对象的。一个面向对象的程序的每一基本成分都应是对象,计算是通过新的对象的建立和对象之间的通信来执行的。

面向对象技术的基本观点可以概括如下:

（1）客观世界由对象组成,任何客观实体都是对象,复杂对象可以由简单对象构造。

（2）具有相同数据（属性）和操作的对象可抽象归纳成类,对象是类的一个实例。

（3）类可以派生出子类,子类除继承父类的全部特性之外还可以有自己的特性。

（4）对象之间的联系通过消息传递来维系。由于类的封装性,它具有某些对外界不可见的数据,这些数据只能通过消息请求调用可见方法来访问。

在采用面向对象技术开发的系统中,以类的形式描述并通过对类的使用而创建的对象是系统的最基本构成单位。这些对象对应着问题域的各个事物,它们的属性和服务刻画了事物的静态特征和动态特征。对象之间的继承、聚合、消息和关联如实地表达了问题域的各个事物之间的各种关系。因此,面向对象技术具有如下优秀的特性:

（1）抽象性:对象的数据抽象和行为抽象。

（2）封装性:为信息隐蔽提供具体的实现手段。用户只要了解对象的功能描述即可。

（3）共享性:同一类中所有实例共享数据结构和行为特征;同一应用中所有实例通过继承共享数据结构和行为特征;不同应用中所有实例通过复用共享数据结构和行为特征。

面向对象方法的基本出发点就是尽可能地按照人类认识世界的方法和思维方式来分析和解决问题,使人们分析、设计一个系统的方法尽可能接近认识一个系统的方法。

下面分别介绍面向对象方法的几个核心概念。

3.1.1　对象

对象是系统中用来描述客观事物的,具有明确语义边界的实体,是构成系统的基本单位,由一组属性和一组对属性进行的操作组成。属性一般定义为私有的,只能通过执行对象的操作来改变;操作又称为方法或服务,它描述了对象执行的功能,通过消息传递,还可为其他对象所使用。

对象可以是具体的、有形的事物,如人、车等;也可以是无形的事物或概念,如抽象的规则、计划或事件。复杂的对象可由相对比较简单的对象以某种方法层层组合、构造而成。

❖ **案例学习**

◎ 以图 3-1 中的计算机窗口中的多边形为例建立对象模型,结果如图 3-2 所示。

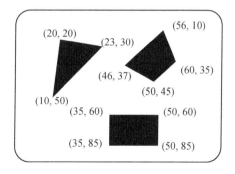

图 3-1　计算机窗口中的三个多边形

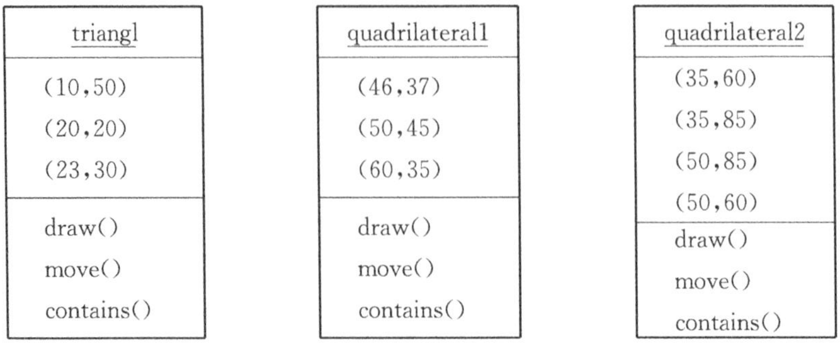

triangl	quadrilateral1	quadrilateral2
(10,50)	(46,37)	(35,60)
(20,20)	(50,45)	(35,85)
(23,30)	(60,35)	(50,85)
		(50,60)
draw()	draw()	draw()
move()	move()	move()
contains()	contains()	contains()

图 3-2　计算机窗口中三个多边形对象的模型

对象有如下分类：

(1) 外部实体：与系统交换信息的外部设备、相关子系统、操作员或用户等。

(2) 信息结构：问题域中的概念实体，如信号、报表、显示信息等。

(3) 需要记忆的事件：在系统执行过程中产生，如单击鼠标、击打键盘等。

(4) 角色：与系统交互的人员所扮演的角色，如学生、教师、会计等。

(5) 组织机构：有关机构，如公司、部门、小组等。

(6) 地点或位置：用作系统环境或问题上下文的场所、位置，如客户地址等。

(7) 操作规程：如操作菜单、某种数据输入过程等。

3.1.2　类

　　一个系统中可能出现的对象是非常多的，如果每个对象都要分别定义，那么工作量极其巨大。因此，把具有相同特征（属性）和行为（操作）的对象归在一起定义，类的概念由此产生。类将一组数据的属性和数据上的一组合法操作抽象封装。在一个类中，每个对象都是类的实例，它们都可使用类中定义的方法。类定义了各个实例所共有的结构。使用类的构造方法，可以在创建该类的实例时初始化这个实例的状态。

❖ **案例学习**

　　◎ 如图 3-3 所示，假设有一个类——四边形，设它的属性是 4 个顶点的坐标，操作有移动和判断一点是否在四边形内。由类的定义可以看出，类是对现实世界具有相同属性和操作的事物的抽象表示。从四边形类可以生成无数四边形对象，例如一个顶点坐标为 (46,37)、(50,45)、(60,35)、(56,10) 的四边形和一个顶点坐标为 (35,60)、(35,85)、(50,85)、(50,60) 的四边形，这两个四边形分别可以执行移动、判断一点是否在四边形内等类的操作。

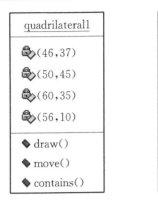
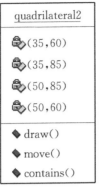
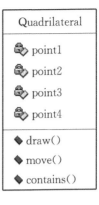

图 3-3 四边形对象和类

类可被视为一个抽象数据类型的实现,但把类看作某种概念的模型更合适,因为它提供了完整的解决特定问题的能力,描述了数据结构(属性)、算法(操作)和外部接口(消息协议)。

建立类的实例时常常使用其他类的实例,它们提供了该类所需要的服务。用到的这些实例应当受到保护,以防止其他对象存取,包括同一个类的其他实例。

类和对象的区别和联系

(1) 类包含了对象的所有属性和方法,它是对象的模板;对象是类的实例,可以由一个类制造出多个实例。

(2) 当创建了类以后,可以从这个类创建任意多个对象;当创建了一个类的实例后,系统将为这个类的实例变量分配内存。

(3) 类本身并不完成任何操作,它只是定义对象的属性及操作,实际的操作是由它所实例化的对象来完成的。

3.1.3 继承

客观事物既有共性,也有特性。如果某几个类之间具有共性的东西(信息结构和行为),就可以抽取出来放在一个一般化类(泛化类,或称为父类)中,而将各个类所特有的东西放在特殊化类(特化类,或称为子类)中分别描述,则可建立起特化类对泛化类的继承。继承是在已有类的基础上,再考虑抽象过程中被舍弃的一部分对象的特性,形成一个新的类,这个类具有前一个类的全部特性,是前一个类的子集,这种层次结构即为继承结构。

❖ **案例学习**

◎ 如图 3-4 所示,各特化类中的底盘、发动机、轮胎、驱动装置等可以作为共性集中到泛化类汽车类中。各个特化类可以从泛化类中继承共性,这样避免了重复。复用共同的描述的继承性往往被看作软件复用的核心概念。

27

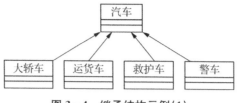

图 3-4　继承结构示例(1)

◎ 建立一个新类——起重车类。它的底盘、发动机、轮胎、驱动装置等特性都包含在已有类——汽车类中,两个类的关系如图 3-5 所示。新类是已有类的特殊情形,即直接让起重车类作为汽车类的子类。

图 3-5　继承结构示例(2)

◎ 增加一个新类——拖拉机类。它的底盘、发动机等特性与汽车类的不同,但驱动装置、轮胎等特性与汽车类的相同,两个类的关系如图 3-6 所示。调整继承结构。建立一个新的一般的车辆类,把拖拉机类与汽车类的共性放到车辆类中,拖拉机与汽车类都成为车辆类的子类。车辆是抽象类,相关操作到子类汽车找。

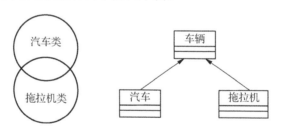

图 3-6　继承结构示例(3)

◎ 在已有类的基础上加入新类,使得新类成为已有类的泛化类。例如,已经存在四边形类、六边形类,想加入一个多边形类,并使之成为四边形类和六边形类的泛化类,如图 3-7所示。

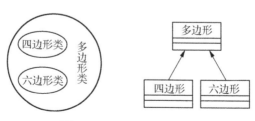

图 3-7　继承结构示例(4)

前三个情况主要是通过查找(应用域)类库,找到可以原封不动继承的类或可以通过调整继承层次结构继承的类。但如果在已有的继承层次中找不到可以继承的已有类,就要重新开始完全独立地建立一个类。

◎ 多继承

如果一个类需要用到多个现有类的特性,可以从多个类中继承,称为多继承。如图3-8所示,退休教师类是继承了退休者和教师这两个类的某些特性或行为而得到的一个新类。注意:有的面向对象的程序设计语言并不直接支持多继承,而改用接口的方式实现。

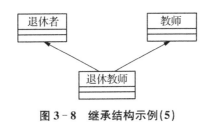

图 3-8　继承结构示例(5)

3.1.4　消息

消息是面向对象系统中实现对象间交互的手段,是要求某个对象执行某个操作的规格说明,是对象之间相互请求或相互协作的途径。消息的使用类似于结构化方法中的函数调用,消息中指定了某一个实例、一个操作名和一个参数表(可能是空的),向对象实施各种操作,就是访问一个或多个在对象类中定义的各种方法。

消息分为四类:发送对象激活接收对象;发送对象传送信息给接收对象;发送对象询问接收对象;发送对象请求接收对象提供服务。

3.1.5　封装

封装(Encapsulation)是指隐藏对象的属性和操作并将其组合成一个独立的对象,仅对外公开接口,用户只能看到对象封装接口上的信息,不能直接访问对象的属性。对象内部的操作(方法)才能访问和修改对象的属性。

封装是一种信息隐蔽技术,其目的是增强安全性,使对象生产者和使用者分离,即定义与实现分离。信息隐蔽技术是软件设计模块化、软件复用和软件维护的基础。

封装的特征是具有清楚的边界、一个接口和受保护的内部实现。面向对象中的类和对象的概念很好地体现了封装的思想。

3.1.6　多态和动态绑定

多态(Polymorphism)有很多不同的描述方式,它是指同一个名称的操作或属性在多个不同类中出现,即多个类中可定义同一个操作名或者属性名,但实现不同。多态性就是指同一个消息被不同对象接收的时候可产生不同的执行结果。一个典型的例子是类中定义的属性和操作由子类继承后可以具有不同的数据类型和行为动作。例如,不同对象:圆形、三角形和矩形,在接收到"求面积"这个消息的时候,将执行不同的操作(算法)来求各自的图形面积。

多态性支持"同一接口,多种方法"的面向对象原则,使得高层代码可在低层多次复用,简化了软件的结构设计,增加了数据处理的灵活性,提高了软件的可复用性和可扩充性。

动态绑定是一种多态性方法,又称为运行时绑定,它能允许程序推迟调用正确的方法,直到程序开始运行。程序在运行以前就已经确定好动作,但只有在运行时才能完成过程调用和目标代码的连接。即在程序运行过程中,接收消息的对象根据所属类,动态选定类中定义的操作,将请求操作与实现方法绑定。这个方法大大提高了程序设计的灵活性,提高了软件开发的效率。

3.1.7 面向对象方法的优点

以对象为中心的开发方法比以功能为中心的开发方法更加优越,它将客观世界直接映射到面向对象的程序空间,其程序结构清晰、简单,提高了代码的重用性,有效地减少了程序的维护量,提高了软件的开发效率。具体表现在如下几个方面:

(1) 稳定性好:较小的需求变化不会导致大的系统结构改变。

(2) 易于理解:面向对象的模型对现实的映射更直观,更有对应关系。

(3) 适用性强:能更好地适应用户需求的变化。

(4) 可靠性高:利用面向对象技术开发的系统具有更高的可靠性。

3.2 面向对象开发过程

面向对象的软件开发过程是面向对象方法在软件工程领域的全面运用。它包括面向对象分析(OOA)、面向对象设计(OOD)、面向对象实现(OOI)、面向对象测试(OOT)和面向对象维护(OOM)等主要内容。因此面向对象开发过程可分为系统分析阶段、系统设计阶段、系统实现、测试和维护阶段。

3.2.1 系统分析阶段

面向对象开发过程的初始阶段是面向对象分析,强调利用面向对象的观点建立真实世界的模型。参与这个阶段工作的人员既有客户,又有开发技术人员,他们的重点任务是实现需求分析和系统分析,即分析问题域的特征,确定问题的解决方案,并为目标系统寻找对象,明确对象的属性和行为以及对象之间的各种关系,以便为最终的软件系统建立一个分析模型,该模型将从不同的侧面描述系统的基本特征。

OOA 是一个反复迭代渐增的过程,包括以下步骤:

(1) 标识场景(Scenario)、用例(Use Case),构造需求模型。

(2) 构造系统对象的静态模型。

(3) 构造系统对象的动态模型。

(4) 构造系统对象的功能模型。

(5) 步骤(1)~(4)反复迭代后,利用用例/场景来评审分析模型。

通过 OOA,建立了概念模型。按照对模型进行构造和评审的顺序,概念模型可分为五个层次,分别是:类与对象层、属性层、服务层、结构层和主题层,如表 3-1 所示。这五个层次是分析过程中的层次,每个层次的工作都为系统的规格说明增加了一个组成部分。

表 3 - 1　OOA 概念模型的层次

层次	活动	说明
类与对象层	发现类与对象	这一层是整个 OOA 概念模型的基础。从应用域开始识别类与对象,据此分析系统的功能。问题在于如何建立现实世界中事物的抽象表示,也就是如何建立基本块
属性层	定义属性	定义对象需要存储的数据与属性,包括对象间的实例连接,实例连接是应用域的某些限制条件或事务规则
服务层	定义服务	定义对象的工作与服务及对象实例之间的消息通信
结构层	识别结构	该层负责捕捉特定应用域中的结构关系,包含两种结构:泛化-特化结构(Gen-Spec 结构)和整体-部分结构(Whole-Part 结构)
主题层	定义主题	OOA 概念模型的结构庞大而复杂,可以将对象归类到各个主题中,把有关的对象用一个主题边框框住。主题可以看作高层的模块或子系统

3.2.2　系统设计阶段

系统分析阶段主要考虑的问题是系统"做什么",而在对系统进行详尽分析后,面向对象设计(OOD)将对分析结果在技术上进行改编和扩充,其主要任务是确定系统的体系结构以及在满足需求的基础上完成对象的设计,即解决系统"怎么做"的问题。面向对象设计是一种设计方法,包含面向对象分解的过程,以及使用不同的表示方法来表示除了系统的静态和动态方面之外的系统的逻辑(类和对象结构)设计和物理(模块和进程体系结构)设计的不同模型。顺序图是描述协作的常见表示法,它展示出软件对象之间的消息流和由消息引起的方法调用。而设计类图可有效表示类定义的静态视图等。因此可以看出面向对象设计能够减小软件构件和领域模型之间的差距。

面向对象设计分为两个阶段:系统对象设计阶段和系统体系结构设计阶段。其主要步骤如下:

1)系统对象设计:建立系统整体结构并确认接口

(1)设计对象接口:加入接口有利于建立对象结构与对象交互,因此能更充分地展现对象的静态、动态关系。其描述方法有协议描述和实现描述两种。

(2)设计算法和数据结构:利用用例图、对象图、对象交互图等为对象的属性和操作设计数据结构和实现算法。

(3)确认子系统:一个子系统可以通过它所提供的服务来标识,所以建立系统整体结构图,以系统整体结构图描述各个子系统之间的相互服务关系。

(4)确定子系统之间的通信:子系统间可能通过建立客户机/服务器连接进行通信,也可能通过端对端连接进行通信,因此需要确定子系统之间的交互方式。

2)系统体系结构设计:选择系统环境与设计体系结构

(1)任务管理设计:主要包括从主结构设计、分布式结构设计、增加协调者和资源管理。

通过对对象动态模型的分析来决定采用哪种设计方式。

（2）数据管理设计：包括数据结构设计和数据管理设计。

（3）人机界面设计：人机界面强调用户对系统的命令以及系统如何向用户提供信息。主要包括窗口、菜单和报告的设计。

面向对象设计同样遵循抽象、信息隐蔽、功能独立、模块化等设计准则。

特别需要注意的是，在面向对象方法中，分析和设计阶段的界限实际上并不绝对明确，即分析结果可直接映射为设计结构，而在设计过程中往往又进一步加深对系统需求和分析的理解，因此分析和设计过程常常是一个反复迭代的过程，进而获取完善的分析设计结果。

3.2.3　系统实现、测试和维护阶段

在系统实现、测试和维护阶段主要运用面向对象的实现（OOI）、面向对象的测试（OOT）和面向对象的维护（OOM）方法，本书不做重点介绍。

3.3　统一建模语言

面向对象的分析和设计方法的发展在 20 世纪 80 年代末至 90 年代中取得了前所未有的进展，统一建模语言 UML 是其中最重要的成果之一。UML 不仅统一了 Booch、Rumbaugh 和 Jacobson 三位大师的 Booch、OOSE 和 OMT 方法，而且对其做了进一步的发展，并最终成为大众所接受的第一个统一的标准建模语言。

UML 是一种可视化、定义良好、功能强大且普遍适用的建模语言，它定义了建立系统模型所需要的概念并给出了表示法，适用于软件工程领域的新思想、新方法和新技术。它的作用域不仅限于支持面向对象的分析与设计，还支持从需求分析开始的软件开发的全过程，统一开发过程（RUP）的 6 个最佳实践中非常重要的可视化便是用 UML 实现的。

3.3.1　UML 的发展历程

20 世纪 80 年代初期，面向对象分析和设计建模语言的数量从不到 10 种增加到了 50 多种。众多方法学家和语言创造者努力推广自己的产品并在实践中不断进行完善。然而每种方法各有长短，软件开发人员和用户不了解不同建模语言的优缺点及它们相互之间的差异，所以很难选择最适合各自要求的建模语言。90 年代中，少数几种方法开始在一些关键性的项目中发挥作用，其中最引人注目的有 Booch 93、OOSE 和 OMT-2 等，此时面向对象方法已经成为软件分析和设计方法的主流，这些方法所做的最重要的尝试是在程序设计艺术与计算机科学之间寻求合理的平衡。

因此，在客观上，极有必要在精心比较不同建模语言的优缺点及总结面向对象技术应用实践的基础上求同存异，统一建模语言。Grady Booch 和 Jim Rumbaugh 在 1994 年开始致力于这一工作。他们首先将 Booch 93 和 OMT-2 统一起来，并于 1995 年 10 月发布了第一个公开版本，称为统一方法（Unitied Method）UM 0.8。1995 年秋，OOSE 的创始人 Ivar Jacobson 加入，并采用了他的用例思想。经过三人的共同努力，于 1996 年 6 月和 10 月分别发布了两个新的版本，即 UML 0.9 和 UML 0.91。由于 UM 只是一种建模语言，而不是一种

建模方法,自 0.9 版本起,改称为 UML(Unified Modeling Language)。

1996 年,对象管理组织(OMG)向外界发布了征集关于面向对象建模标准方法的消息,一些机构将 UML 当作其商业策略已日趋明显。UML 的开发者得到了来自公众的正面反应,并倡议成立了"UML 伙伴组织",以完善、加强和促进 UML 的定义工作。当时的成员有 DEC、HP、I-Logix、Itellicorp、IBM、ICON Computing、MCI Systemhouse、Microsoft、Oracle、Rational Software、TI 以及 Unisys。1996 年底,UML 已经稳占面向对象技术市场 85% 的份额。

1997 年 1 月,UML 伙伴组织向 OMG 提交了 UML 1.0,1997 年 9 月提出了最终提案 UML 1.1,1997 年 11 月 14 日,这个提案被 OMG 正式采纳为面向对象建模标准。然而由于这几个 UML 版本的提交过程比较仓促,所以其中还是存在了一些问题。OMG 的修订任务组于 1998 年提交了 UML 1.2,它主要纠正了 UML 1.1 中的印刷和语法错误以及某些逻辑上的明显不一致,但是并没有涉及对重要技术的改进。1999 年 6 月提交的 UML 1.3 是建模语言规范的第一个成熟版本,特别是用例图和活动图得到了完善。历经 17 个月,UML 1.4 于 2001 年 5 月出现,其最有意义的变化是对外围和扩展机制、构件和制品以及协作和模式方面所做的改动。

鉴于 UML 1.x 仍然存在一定的不足,2000—2003 年,扩充的新的 UML 伙伴组织制定了一个升级的 UML 规范,即 UML 2.0。2003 年 6 月 12 日于巴黎召开的 OMG 技术会议上,分析和设计专案小组投票通过了 UML 2.0 上层结构规范,至此 UML 2.0 宣告完成。

UML 的发展过程可用图 3-9 来表示,UML 代表了面向对象方法的软件开发技术的发展方向,具有巨大的市场前景,也具有重大的经济价值和国防价值。现在 OMG 已经把 UML 作为公共可得到的规格说明(PAS)提交给国际标准化组织(ISO)进行国际标准化。

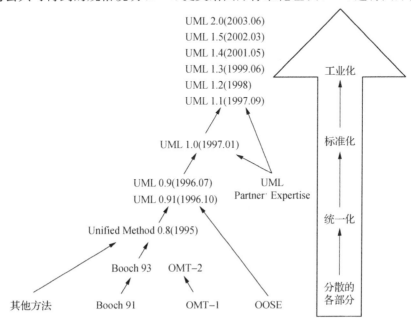

图 3-9　UML 的发展历程

3.3.2 UML 的目标

(1) 提供深度的可视化建模语言给用户,以让他们能够发展和改变有意义的模型。

(2) 提供可扩展性和专有化机制,扩展时无需对核心概念进行修改。

(3) 可应用于任何程序设计语言平台、工具平台以及软件开发的过程,与具体的实现和过程无关。

(4) 提供合理基础去理解标准。

(5) 可升级,具有高适应性和可用性。

(6) 支持高级概念,如协作框架、构件、模板和组件。

(7) 结合最优的软件工程实践经验。

(8) 有益于面向对象工具市场的发展。

3.3.3 UML 的组织结构及主要内容

UML 利用视图、图、模型元素和通用机制等几个部分,从不同角度来观察和描述一个软件系统的体系结构,是一个庞大的表示法体系。作为一种建模语言,UML 的定义包括 UML 语义和 UML 表示法两个部分。

(1) UML 语义:描述基于 UML 的精确元模型定义。元模型为 UML 的所有元素在语法和语义上提供了简单、一致、通用的定义性说明,使开发者能在语义上取得一致,消除因人而异的表达方法所造成的影响。此外 UML 还支持对元模型的扩展定义。

(2) UML 表示法:定义 UML 符号的表示法,为开发者或开发工具使用这些图形符号和文本语法为系统建模提供了标准。这些图形符号和文本语法所表达的是应用级的模型,在语义上它是 UML 元模型的实例。

UML 的组织结构由三部分组成:第一部分是构架,它反映系统的组织结构、组成、关联与交互等,包括 5 类视图,它们构成视图的 9 种图,又被称为"4+1"视图;第二部分是包含 UML 建模的事物、关系和图的基本构造块;第三部分是实现特定目标的 UML 公共机制。

1) 构架

UML 的构架由 5 类视图构成,包括用例视图、逻辑视图、进程视图、构件视图(实现视图)和部署视图,它们对于软件体系结构的可视化、详细描述、构造等方面都极为重要。每个视图都是某个特定方面对于整个系统描述的一个投影,结合起来可以完整描述整个系统,其中用例视图是描述系统功能的核心和其他视图的出发点。UML 的视图结构模型如图 3-10所示。

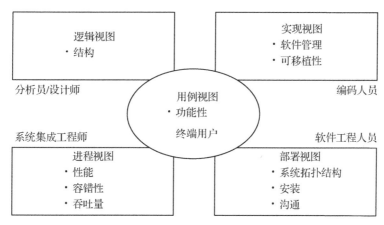

图 3-10　UML 的"4+1"视图结构模型

（1）用例视图（Use Case View）

① 作用：描述系统的功能需求；找出用例和行为者。

② 适用对象：客户、分析者、设计者、开发者和测试者。

③ 描述使用的图：用例图和活动图。

④ 重要性：系统的中心，它决定了其他视图的开发，用于确认和最终验证系统。

（2）逻辑视图（Logical View）

① 作用：描述如何实现系统内部的功能。

② 适用对象：分析者、设计者、开发者。

③ 描述使用的图：类图、对象图、状态图、时序图、协作图和活动图。

④ 重要性：描述了系统的静态结构和因发送消息而出现的动态协作关系。

（3）构件视图（也称实现视图，Implementation View）

① 作用：描述系统代码的构件组织、实现模块以及它们之间的依赖关系。

② 适用对象：开发者。

③ 描述使用的图：构件图。

④ 重要性：描述系统如何划分软件构件，进行编程。

（4）进程视图（Process View）

① 作用：描述系统并发性，并处理这些线程的通信和同步。

② 适用对象：开发者、系统集成者。

③ 描述使用的图：状态图、时序图、协作图、活动图、构件图和部署图。

④ 重要性：将系统分割成并发执行的控制线程及处理这些线程的通信和同步。

（5）部署视图（Deployment View）

① 作用：描述系统的物理设备部署。

② 适用对象：开发者、系统集成者和测试者。

③ 描述使用的图：部署图。

④ 重要性：描述系统的物理设备连接和哪个程序或对象驻留在哪台计算机上运行。

2）基本构造块

如图 3-11 所示，UML 中有三种基本构造块，分别是事物、关系和图。

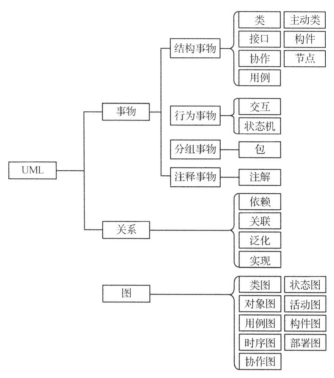

图 3-11　UML 基本构造块的结构

事物是整个模型的基础，其中结构事物通常是模型的静态部分，可用来对概念或物理元素建模（包括类、接口、协作、用况、主动类、构件和节点）；行为事物是模型的动态部分，是跨越时间和空间的行为（包括交互和状态机）；分组事物有效地组织模型，使模型结构化（主要分组事物为包）；注释事物则是为了让模型更易于理解，被用来描述和说明模型元素等（主要注释事物为注解）。

UML 中有 4 种关系（依赖、关联、泛化和实现），用来说明多个模型元素在语义上的相关性以及形成更进一步的语义定义。

UML 从 1.0 版开始定义有 9 种基本的图，从系统的不同侧面描述软件系统，包括类图、对象图、用例图、时序图、协作图、状态图、活动图、构件图和部署图，此后的版本中还针对一些特别的应用进行了扩展，本书不做重点描述。

① 依赖（Dependency）：依赖关系是指一个元素（依赖事物的提供者）的变化将影响到另一个元素（依赖事物的接收者）或向其提供信息。依赖的形式是多样的，针对不同的依赖形式，依赖关系有不同的变体。依赖关系用由源模型指向目标模型的带实心箭头的虚线表示，如图 3-12 所示。

图 3-12　依赖关系

②关联(Association)：关联关系是两个或多个特定类之间的关系，它描述了这些类元的实例的联系。参与其中的类元在关联内的位置有序。在一个关联中同一个类可以出现在多个位置上，关联的每一个实例链是引用对象的有序表，关联的外延是这种链的一个集合。在链集合中给定对象可以出现多次，或者在关联定义允许的情况下可以在同一链中(不同的位置)出现多次。关联将一个集合组织在一起，如果没有关联，那只是一个无连接类的集合。

关联可以有一个名称，但是它的大部分描述建立在关联端点中，每个端点描述了关联中类对象的参与。关联端点只是关联描述的一部分，不是可区分的语义或可用符号表示的概念。关联关系如图 3-13 所示。

图 3-13　关联关系

③泛化(Generalization)：泛化关系表示两个元素从一般到特殊的类元关系，也称为继承。特殊元素完整地包含了一般元素并含有更多的信息。特殊元素的实例可以用于任何使用一般元素的地方。

泛化是两个同类的可泛化元素(如类、包或其他元素)之间的关系，其中一个元素被称为父，另一个为子。对类而言，父类称为超类，子类称为子类。父类说明的直接实例带有所有子类的共同特性，子类说明的实例是父类说明的实例的对象。泛化关系用一条带空心箭头的实线表示，它从表示特殊性事物的模型元素指向表示一般性事物的模型元素，如图 3-14 所示。

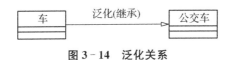

图 3-14　泛化关系

④实现(Implementation)：实现关系定义某事物是如何被构造、计算的。例如，类是类型的实现，方法是操作的实现。实现和说明之间是实现关系。

实现关系用可执行的媒介(如程序设计语言、数据库、数字化硬件)描述系统功能的一个步骤。对实现而言，必须产生下层的决策以使设计适合具体的实现，并与环境相适应(每种语言有各自的限制)。如果设计得好，则实现任何决策都不会影响系统的全局。这一步由实现层模型捕捉，特别是静态视图和代码。

泛化和实现关系都是将一般描述与具体描述联系起来，两者的差别在于泛化关系将同一个语义层内的元素连接起来，而且在同一模型内；实现关系将在不同语义层内的元素连接起来，并且(接口或类)通常建立在不同的模型内。

实现关系用一条带空心箭头的虚线描述，箭头从源模型指向目标模型，表示源模型实现目标模型，如图 3-15 所示。

图 3 - 15 实现关系

3）UML 的公共机制

为了使 UML 整个模型更加一致，UML 定义了 4 种公共机制：规格说明（Specification）、修饰（Adornment）、通用划分（Common Division）和扩展机制（Extensibility Mechanism），如表 3 - 2 所示。

表 3 - 2 UML 的公共机制

规格说明	提供对构造块的语法或语义的文字描述，是非图形的描述，还有可能是额外的描述
修饰	把建模的表述可视化，使之容易理解
通用划分	两种划分：一是类和对象的划分，即把表述者和被表述者分开；二是接口和实现的分离，即把实施对象和实施过程分开
扩展机制	UML 仅提供蓝本，允许派生出新事物，增加新规则，并可对新规则进行描述

由表可见：

（1）UML 不只是一种图形语言。实际上，在它的图形表示法的每部分背后都有一个详细说明，提供了对构造块的语法和语义的文字叙述。

（2）UML 表示法中的每一个元素都有一个基本符号，这些图形符号对元素最重要的方面提供了可视化表示。对元素的描述还包含其他细节，例如一个类是否是抽象类，或它的属性和操作是否可见。要把这样的修饰细节加到基本符号上。

（3）在对面向对象的系统建模中，至少有两种通用的划分世界的方法：对类和对象的划分；对接口和实现的划分。UML 中的构造块几乎都存在着这样的两分法。

（4）可用一种受限的方法扩展 UML。UML 的扩展机制包括构造型、标记值和约束。

3.3.4 UML 的扩展机制

当用户需要使用一些新的模型特征和表示方法，或者为模型增加一些非语义信息时，由于 UML 提供了内置的语言扩展机制，因此用户无需对基本建模语言重新定义。

UML 的扩展机制是 UML 适应时代发展，不断向前演化的重要保障。UML 的扩展机制包括三种：构造型（Stereotype）、标记值（Tagged）和约束（Constraint）。其中构造型用于对模型元素进行分类，在已有的基本模型元素上定义新的模型元素；标记值则是以约束直接对某个模型元素附加性质或语义。

1）构造型

构造型是在模型本身定义的一种模型元素，即扩展 UML 的语义，是在原有已定义的模型元素的基础上增加新的语义或限制，允许创造新的构造块。它是 UML 中一种用来对模型元素进行分类或标记的新模型元素，可以看作对已有元素进行的专有化，能有效防止 UML 变得过于复杂，同时也使得 UML 能够适应各种需求。

一个模型元素只能有一个构造型,构造型可以使用标记值来存储不被基本元素支持的附加特征。所有用某一特定构造型分类的模型元素都接受引入的该标记值。构造型可以基于所有种类的模型元素:类、结点、注释、关联、泛化和依赖等,其对象类共享基类的属性、操作和关联。

表示构造型时,将构造型放置在基本模型元素符号邻近并被双尖括号"≪≫"包围。构造型元素可以拥有自己的图形表示符号。构造型可以与类名写在一起,也可作为类内操作的分类标识。

❖ 案例学习

◎ 图 3-16 给出了一个有构造型的类。Catalog 类是一个接口类,在操作描述中,这些操作由构造型被分为≪get operations≫和≪editing≫两大类,即提取运算和编辑修改两大类操作。

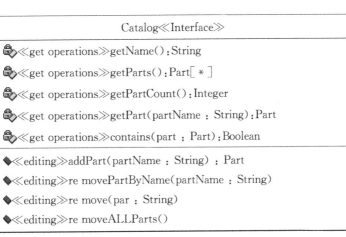

图 3-16　有构造型的类

2) 标记值

标记值用来描述模型元素的特性,是存储有关元素任意相关信息的字符串。标记值可以附加在任何独立的元素上,包括模型元素和视图元素,提供了向元素添加特性的规格说明的方法。

表示标记值时,标记名用字符串表示,一组标记和它所被赋予的值用等号相连,放在花括号"{}"中。一个模型元素可以有多个标记值来描述其特性。标记值一般写在类名后面。

❖ 案例学习

◎ 图 3-17 给出一个即有构造型又有标记值的类 Person。类名前的构造型≪Actor≫表示该类为行为者,类名后花括号中的标记值指出了该类的作者和创建日期。

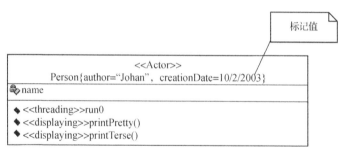

图 3-17   有构造型和标记值的类

3）约束

约束是用文字表达式扩展模型元素的语义，它允许增加新的规则或修改现有的规则。约束可以表达 UML 标记无法表现的限制和关系，规定某个条件或命题必须为真，否则该模型表示的系统无效。

表示约束时，将一个文本字符串放在花括号"{ }"中。对于单个模型元素，可以将约束写在其附近；两个模型元素之间的约束可以写在两个元素之间的虚线箭头上。

❖ **案例学习**

◎ 图 3-18 和 3-19 给出了约束的表示方法。本例中有两个约束，图 3-18 中的约束由虚线箭头与字符串{subset}（子集）表示，意思是"主席"必须是"成员"的子集；图 3-19 中的约束由虚线与注释框表示，在注释框中标识了条件{Person. employer ＝ Person. boss. employer}。

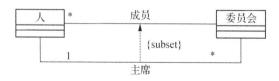

图 3-18   约束的表示方法示例(1)

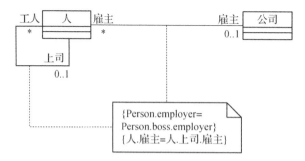

图 3-19   约束的表示方法示例(2)

3.3.5　UML 的应用范围

UML 的目标是以面向对象的方式来描述任何类型的系统,具有很宽的应用领域,其中最常用的是建立软件系统的模型,也可以用于描述非软件领域的系统,如机械系统、企业机构或业务过程,以及处理复杂数据的信息系统、具有实时要求的工业系统或工业过程等。UML 是一个通用的标准建模语言,可以对任何具有静态结构和动态行为的系统进行建模。

UML 适用于系统开发过程中从需求规格说明到系统完成后测试的不同阶段。在需求分析阶段,可以用用例来捕获用户需求,通过用例建模描述对系统感兴趣的外部角色及其对系统(用例)的功能要求。分析阶段主要关心问题域中的主要概念(如抽象、类和对象等)和机制,需要识别这些类以及它们相互间的关系,并用 UML 类图来描述。为实现用例,类之间需要协作,可以用 UML 动态模型来描述。在分析阶段,只对问题域的对象(现实世界的概念)建模而不考虑定义软件系统中技术细节的类(如处理用户接口、数据库、通信和并行性等问题的类)。这些技术细节在设计阶段引入,即设计阶段为构造阶段提供更详细的规格说明。

UML 模型还可作为测试阶段的依据。系统通常需要经过单元测试、集成测试、系统测试和验收测试。不同的测试阶段使用不同的 UML 图作为测试依据:单元测试使用类图和类规格说明;集成测试使用构件图和协作图;系统测试使用用例图来验证系统的行为;验收测试同样使用用例图,由用户进行,以验证系统测试的结果是否满足分析阶段确定的需求。

总之,UML 适用于以面向对象技术来描述任何类型的系统,而且适用于系统开发的不同阶段,从需求规格说明直至系统完成后的测试和维护。

3.3.6　UML 的主要特点

(1) UML 统一了各种方法对不同类型的系统、不同的开发阶段以及不同内部概念的观点,从而有效消除了各种建模语言之间许多不必要的差异。它实际上是一种通用的建模语言,可以为许多面向对象建模方法的用户广泛使用,甚至也可用于非面向对象的其他领域建模。

(2) UML 的建模能力比其他面向对象建模方法更强。它适合于一般系统的开发,对并行、分布式系统的建模尤为适宜。

(3) UML 是一种建模语言,是一种工具,但并不是一个开发过程。

3.4　统一开发过程

统一开发过程(Rational Unified Process,RUP)是由提出 UML 方法的 Booch 和 Jacobson 以 Rational 的 Objectory 为核心提出的一整套面向对象的软件工程过程。RUP 的核

心是为软件开发团队提供指南文档模板和工具,使整个团队能够最有效地利用现有的软件开发经验。RUP的目标是按照预先制定的时间计划和经费预算开发高质量的软件产品,以满足最终用户的需要。

RUP吸收了多种开发模型的优点,具有很好的可操作性和实用性。由于RUP采用标准的UML描述系统的模型基础体系结构,因此可以利用很多第三方厂家提供的产品。

3.4.1 软件开发最佳实践

尽管项目失败的方式各不相同,但究其原因,主要有需求管理不规范、沟通信息不精确或不畅通、软件体系结构脆弱或不稳定、软件过度复杂、需求设计与实现不一致、测试不够、过于乐观、未解决风险、自动控制变化不足等。

为解决这些问题,需要一种更好的、迭代的、可预测的方式开发软件产品,这就是软件开发中的最佳实践,它可以精确量化产品价值,为许多成功的机构所普遍运用。最佳实践包括以下6种:

1) 迭代式软件开发

迭代式软件开发方法是一个连续发现、创造和实现的过程。这种方法在生命周期早期,可以及时发现和更正需求理解错误;使开发人员重视项目中的关键问题,抓住可能导致项目真实风险的问题;尽早发现需求、设计和实现间的不一致。该方法不断迭代地测试可以给出项目状况的客观评价;允许和鼓励用户反馈信息,以明确系统的真实需求。迭代或软件开发使得需求、特色、日程上的战略性变化更为容易。

2) 需求管理

需求是系统必须达到的条件或性能,它在整个软件项目生命周期中是变化的。动态需求管理包括三项活动:提取、组织和文档化需要的功能和约束;估计需求的变化并评估它们的影响;跟踪、权衡和文档化折中方案和决策。

项目的需求管理提供了一系列方案,用以解决软件开发中遇到的问题。它规定了一系列需求管理的原则性方法;人员之间的交流都建立在已定义的需求上;规定了需求的优先级,给开发和发布系统提供了连续的和可跟踪的线索,易于发现系统中的不一致性;对功能和性能作出尽可能客观的评价,使最终系统更能满足用户的需要。

3) 基于构件的软件体系结构

构件是实现清晰功能的模块或子系统,为软件配置管理提供了一个非常自然的基础,RUP支持基于构件的软件开发。基于构件建立软件体系结构有一系列方案,用以解决软件开发中所遇到的问题。它可促进创建有效软件重用的弹性结构;模块化方法使得人们可以关注系统中容易变化的不同元素;可被组装为良好定义的结构或特殊的标准化的框架(如CORBA,EJB,COM+)和其他商品化的构件,提供了软件的可复用性。

一个软件体系结构包括一系列重要决策:确定软件系统的组织;确定构成系统的结构元素及其接口;用结构元素之间的协作关系说明各个结构元素的行为;将结构元素及其行为组

合为更大的子系统;依据软件体系结构风格约定,指导系统的构建,约定涉及元素以及它们的接口、协助和组合。

4)建立软件的可视化模型

模型是现实的简化,它从特定的视角完整地描述一个系统。通过模型化,可将系统体系结构的结构和行为可视化、具体化。工业级标准 UML 是成功可视化软件建模的基础,应用 UML,开发人员可以清楚地、无二义性地理解软件设计,详细说明系统行为并沟通。

可视化建模可以帮助开发人员提高管理复杂软件的能力,并且确保每次迭代过程中构件模块一致于源代码,保持设计和实现的一致性。

5)不断地验证软件质量

在软件实施后再查找和发现软件问题,比在早期进行此项工作要花费多得多的时间和资源。因此,质量应基于可靠性、功能性、应用和系统性能,根据需求进行不断地评估和验证。验证系统功能,需要对每一个关键场景进行测试。场景描述了系统应实现的某一种行为,RUP 帮助计划、设计、实现、执行和评估这些测试类型。

6)控制软件的变更

当软件开发在不同组、不同地点并行进行时,开发人员同时工作于多个迭代过程、发布版本、产品和平台上,因此管理变更的能力和确定每个修改的可接受性在变更不可避免环境中是必需的,必须建立管理软件变更的循环工作流,在迭代过程中持续监控变更,动态发现问题并及时反映。同时指导如何通过隔离修改和控制整个软件产物(代码、文档等)的修改来为每个开发者建立安全专用工作空间,减少平行工作的小组成员之间的相互干扰。

成熟的开发组织能够利用良好的开发过程,采用最佳实践活动,以一种可预测的循环方式开发复杂的系统,这样软件开发的组织能力能够保持稳定,并能随着新项目不断改进,从而提高整个软件开发的效能和生产率。RUP 正是建立在上述 6 项最佳实践活动的基础上,目的是交付一个定义良好的过程。

根据以上对 RUP 的描述,可将 RUP 准确定义如下:RUP 是用例驱动的,以体系结构为核心的,以质量控制和风险管理为目标的,迭代的、增量的开发过程。

3.4.2　RUP 的二维开发模型

RUP 的具体内容可以用一个二维的软件开发模型来组织,如图 3-20 所示。

过程的第一维(横轴)通过时间组织,是过程展开的生命周期特征,体现开发过程的动态结构,用来描述它的术语主要包括周期、阶段、迭代和里程碑。

过程的第二维(纵轴)以内容来组织,为自然的逻辑活动,体现开发过程的静态结构,用来描述它的术语主要包括活动、制品、工作者和工作流。

从图 3-20 中阴影部分表示的工作流可以看出,不同的工作流在不同的时间段内工作量不同。

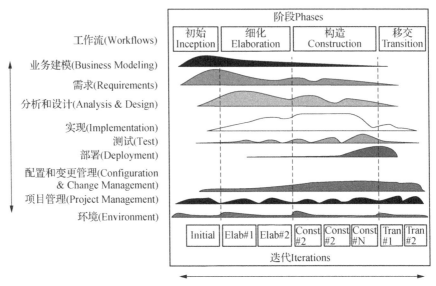

图 3 - 20 RUP 迭代模型

3.4.3 RUP 过程的静态描述:过程模型

RUP 过程模型中的主要模型元素有 4 种:

① 工作人员:谁做(who)。

② 活动:怎么做(how)。

③ 制品:做什么(what)。

④ 工作流:何时做(when)。

1) 工作人员(Worker)

过程的中心概念是工作人员。工作人员不是指某一个人,而是指完成工作的角色,一个人可以扮演一个或多个角色。工作人员定义人们应履行的行为和职责。通常用活动描述行为,用制品衡量职责。在过程中,工作人员可以是系统分析员、设计师、用例设计师、测试设计师等。

项目经理在计划项目和人员分配时,根据每个人的技能安排每个人担当的角色(工作人员),一个人可以担当几个角色(工作人员),一个角色(工作人员)也可以由几个人担当。

2) 活动(Activity)

活动定义了工作人员所执行的工作,每一个活动都分配给特定的工作人员。活动有明确的目的,通常是生产制品或更新制品(如模型、类或计划)。为生成一个制品,可能会多次重复某些活动,特别是从一个迭代过程到下一个迭代过程,需要不断细化和扩展该制品。在面向对象方法中,把工作人员定义为对象,工作人员完成的活动就是对象执行的操作。

3) 制品(Artifact)

制品是过程生产、修改或使用的一种信息。制品可分为输入制品和输出制品。在面向对象设计中,制品被当作活动的参数。制品有多种可能的形式,如模型,有用例模型或设计模型等;模型元素,有类、用例或子系统等;文档,有业务用例或体系结构文档等;源代码和可执行文件。

4）工作流（Workflow）

工作流用来描述能够生成有用结果的活动序列，用以描述工作人员之间的交互。一个工作流可以用顺序图、协作图或活动图来描述。RUP 的工作流由下列方式组织：

（1）核心工作流

在 RUP 中共有 9 个核心工作流，它们将所有工作人员和活动进行逻辑分组。核心工作流分为 6 个核心工程工作流和 3 个核心支持工作流。核心工程工作流有：业务建模工作流、需求工作流、分析和设计工作流、实现工作流、测试工作流、实施工作流。核心支持工作流有：项目管理工作流、配置和变更管理工作流、环境工作流。

在一个项目中，这些核心工作流在每一次迭代中重复发生。在每次重新发生时，它们在具体内容上有所不同，与迭代的中心问题有关。

（2）工作流细节

每个核心工作流覆盖多个领域。为了将工作流细化，RUP 用工作流细节描述与工作流联系紧密的一组特定的活动。工作流细节还要描述伴随的信息流，即活动的输入或输出制品，给出活动在不同制品之间是如何交互作用的。

（3）迭代计划

迭代计划根据某一迭代过程中要完成的典型活动，结合将要处理的问题，更加详细地描述过程。主要内容有：

① 时间分配：迭代进度表。

② 迭代内容：分配活动和工作人员，包括迭代期间完成哪些用例；识别技术风险并转化为用例，缓解策略；部分或完整地实现哪一个子系统。

③ 次要里程碑：达到预先制定的标准。

3.4.4　RUP 过程的动态描述：迭代开发

将一个大型项目分解为可连续应用瀑布模型的几个小部分，在对一部分进行需求分析、设计、实现并确认之后，再对下一部分进行需求分析、设计、实现和确认，依次进行下去，直到整个项目完成，这就是迭代式开发。

在 RUP 中，迭代过程分为几个阶段，如图 3－21 所示。

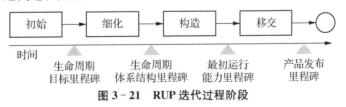

图 3－21　RUP 迭代过程阶段

① 初始阶段（Inception）：确定最终产品的构想及其用例，定义项目范围。

② 细化阶段（Elaboration）：计划需完成活动和资源，详细说明产品特性并设计软件体系结构。

③ 构造阶段（Construction）：构造整个产品，逐步完善视图、体系结构和计划，直到产品

(完整的构想)已完全准备好交付给用户。

④ 移交阶段(Transition):移交产品给用户,包括制造、交付、培训、支持及维护产品。

这4个阶段经历的时间是不同的,每个阶段经历时间的长短要根据具体情况具体分析。特定项目环境导致各阶段时间的长短可能有很大不同。一个典型的时间分配如图3-22所示。每个阶段中最重要的是阶段目标和里程碑。

I:初始阶段 E:细化阶段 C:构造阶段 T:移交阶段

图3-22 典型时间分配图

这4个阶段构成开发周期,周期结束时产生新版本的软件产品。如图3-23所示,软件产品产生于初始开发周期,随着重复执行同样的过程,软件发展到下一版本,这一时期即为软件的进化周期。

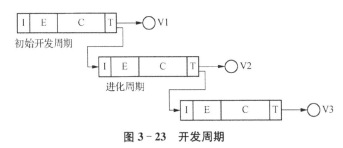

图3-23 开发周期

用户需求的变更、基础技术的变化、竞争都可能激活新的进化周期。周期之间在时间上会有重叠。后一个周期的初始阶段和细化阶段与前一个周期的移交阶段可能同时进行。

在各阶段内也可能包含一个或几个迭代过程,如图3-24所示:

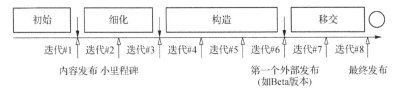

图3-24 各阶段的迭代过程

1)初始阶段

(1)目标:将一个好的想法发展为最终产品的一个构想,提出该产品的业务实例。包括:

① 确定项目的软件范围和边界条件,明确系统向用户提供的基本功能。

② 识别系统的关键用例,即主要行为场景。

③ 给出一个试验性的软件体系结构,它是包含主要场景的系统的大致轮廓。

④ 估计整个项目需要的成本和时间。

⑤ 评估风险,即分析不确定性因素。

(2)制品。

① 构想文档:有关项目核心需求、关键特性和主要限制的构想。

② 用例模型调查:包括所有在此阶段可确定的用例和参与者。

③ 初期的项目术语。

④ 初始的业务案例:包括业务环境、成功的评价标准、经济预测。

⑤ 早期的风险评估。

⑥ 项目计划:表明阶段和迭代过程。

2) 细化阶段

(1) 目标:说明该产品的绝大多数用例,并设计出系统的体系结构。

① 分析问题领域,建立合理的体系结构并对其进行评审,然后设定基线。

② 确定项目计划,评价项目最有可能出现的风险因素,为计划设定基线。

体系结构表现为系统中各种模型的不同视图,包括了用例、分析、设计、实现、部署模型视图。

(2) 制品。

① 用例模型(至少完成 80%):定义在用例模型调查中识别出的所有用例、所有参与者,完成大部分用例描述。

② 补充需求:包括非功能需求和与具体用例不相关的需求。

③ 软件体系结构描述及可执行的体系结构原型。

④ 修改后的风险清单和业务案例。

⑤ 关于整个项目的开发计划:描述迭代过程和每个迭代过程的评价准则。

⑥ 更新后的开发用例:详细描述将要用到的过程。

⑦ 初步的用户手册(可选)。

3) 构造阶段

(1) 目标:此阶段是一个制造过程,目标是开发整个系统,并确保产品可以开始提交给客户,使产品达到最初的运行能力。

① 开发和集成构件特征及应用程序特征,使之成为软件产品,并进行测试。

② 通过优化资源、减少返工与浪费来降低开发成本,提高产品质量。

③ 以最短时间生产一个实际可用的版本(Alpha 版本、Beta 版本及其他测试版本)。

(2) 制品。

① 在适当平台上集成的软件。

② 用户手册。

③ 对当前版本的描述。

4) 移交阶段

(1) 目标:将软件产品移交给用户。如果用户在使用时发现了新问题,必须在纠正问题之后建立一个新版本。

① 使产品达到用户可自我支持的程度。

② 项目相关人员共同协作完成部署基线,并与构想的评价准则保持一致。

③ 以最快速度和最好效益达到最终产品效益。

(2) 制品:移交过程是个迭代的过程,制品包括 Beta 版本、普通可用版本、纠错版本、升级版本等。

3.5　OOCASE：Rational Rose 工具简介

本书选择 Rational Rose 作为面向对象分析设计的软件辅助工具，它是 Rational 公司（后为 IBM 公司收购）出品的一种基于 UML 的可视化建模软件，用于可视化建模和企业级水平软件应用的组件构造。读者也可以选取其他 OOCASE（面向对象的计算机辅助软件工程）工具来帮助开发，注意，不同的建模工具在具体图符的定义和使用上可能会有一些差异，在具体运用的过程中不需要拘泥于这些细节上的问题，在整体上符合 UML 的语法语义即可。实际上，UML 的扩展机制也允许了这些差异的存在。

3.5.1　Rational Rose 概述

Rational 软件是 IBM 软件集团旗下第五大软件品牌，Rational Rose 能够提供许多并非 UML 建模需要的辅助软件开发功能，例如通过对目前多种程序设计语言（如C++、Visual C++、Java、Visual Basic、CORBA 等）的有效集成，帮助开发人员产生框架代码，对需求和系统的体系架构进行可视化建模。

Rational Rose 支持几乎所有的 UML 图形元素和各种框图，是一个设计信息图形化的软件开发工具。Rational Rose 不仅能够对应用程序进行建模，而且能够方便地对数据库建模；可以创建并比较对象模型和数据模型，并进行两种模型的转化；可以创建数据库的各种对象，实现从数据库到数据模型的逆向工程。

Rational Rose 具有根据现有的系统产生模型并逆向转出工程代码的功能，从而保证设计模型和代码的一致性。利用 Rational Rose 自带的 RoseScript 脚本语言，可以对 Rational Rose 进行扩展、自动改变模型、创建报表、完成 Rational Rose 模型的其他任务等。Rational Rose 提供的控制单元和模型集成功能允许进行多用户并行开发，实现模型的比较或合并等操作。可通过 Rational Rose 模型将用户的需求形成不同类型的文档，使开发人员和用户都了解系统全貌，以便开发人员之间、开发人员与用户之间进一步交流，尽快澄清和细化用户需求，使专业人员明确自己的职责范围，避免了因需求不明确和了解不全面而造成的错误。

3.5.2　Rational Rose 安装配置

以下简要介绍 Rose 的安装和配置过程。

（1）双击安装文件的可执行程序，出现如图 3-25 所示的窗口，可使用默认的文件夹或选择新的文件夹来保存文件，点击"Next"按钮进入下一步。

（2）文件提取完毕后，进入如图 3-26 所示的窗口。在该窗口内选择待安装的产品。本例选择"Rational Rose Enterprise Edition"，点击"下一步"按钮。

（3）选择安装及配置程序的方法，本例选择"Desktop Installation from CD Image"。

（4）使用默认的文件夹或选择新的文件夹作为安装路径，然后点击"下一步"按钮。

（5）选择或取消选择待安装的产品功能，在窗口的右侧有所选项的描述信息，选择完毕后点击"Next"按钮，进入下一步。

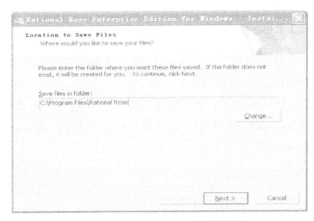

图 3 - 25　Rational Rose 安装界面一

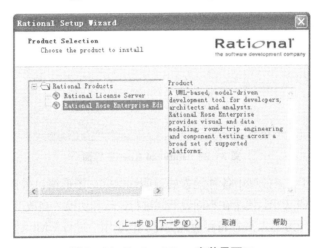

图 3 - 26　Rational Rose 安装界面二

（6）若要重新进行设置,点击"Back"按钮;否则,点击"Install"按钮开始安装。

（7）安装结束,点击"Finish"按钮开始设置许可证,根据实际情况选择一种方式,然后点击"下一步"按钮执行相关注册即可,如图 3 - 27 所示。

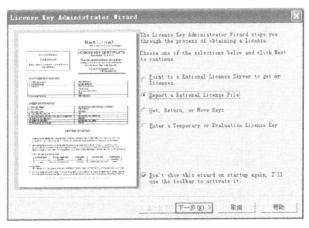

图 3 - 27　Rational Rose 安装界面三

3.5.3 Rational Rose 使用简介

Rational Rose 的主界面如图 3-28 所示,标准工具条与打开的模型图形窗口无关,包含一系列可以简化常用操作的图标,如创建新模型、保存模型等。Rational Rose 的浏览区用来显示用户当前所选择框图的各种元素以及模型属性。每个模型的元素按逻辑分别归类在 4 个视图中:Use Case View(用例视图)、Logical View(逻辑视图)、Component View(构件视图)和 Deployment View(部署视图)。

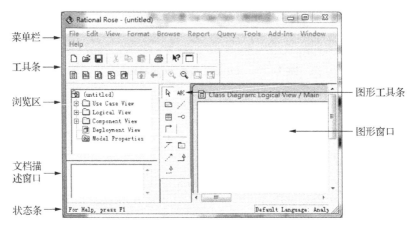

图 3-28 Rational Rose 主界面

文档描述窗口用于记录模型中各种元素的说明性文字。图形窗口采用多文档多视图技术,一次可以浏览多个 UML 框图,便于在不同视图间进行比较和切换。当改变框图中的元素或元素的属性时,浏览器中的元素或其属性将相应地变化。它是用户进行 UML 建模的主要窗口。

Rational Rose 内置了许多框架模型,每个框架模型都包含一组预定义的基本模型元素,用于为特定的系统建模,每个框架模型都有特定的适用范围。初次使用 Rational Rose 时,用户会被要求选择框架模型,如图 3-29 所示。框架模型包括 J2EE、J2SE、VB、VC 等。本书中建议选择使用 rational unified process (RUP)模型。

图 3-29 Rational Rose 支持多种框架模型选择

3.6 本章小结

面向对象方法是在实践中逐渐形成的一套涵盖整个软件开发生命周期的系统的软件开发方法。面向对象的核心概念,包括对象、类、继承、消息传递、封装、多态等,在学习面向对象程序设计语言的时候均有所涉及,但面向对象的分析和设计方法要求我们从更高层次的系统的角度去看待问题,本章首先重新温习了这些重要概念。

面向对象的开发过程包含了面向对象分析和面向对象设计,在不同的阶段有着不同的步骤。面向对象分析的最主要特征是迭代,通过标识场景、构造用例,建立静态和动态模型,并反复迭代。面向对象的设计与分析不能截然分开,设计是在分析的基础上继续深入。

UML 是面向对象方法发展过程中的重要产物,它是一种工具,特别适用于面向对象的建模,但其本身并不是方法论,可以被运用到面向对象以外的方法中去。UML 由 5 个视图构成,包括用例视图、逻辑视图、进程视图、构件视图和部署视图。每个视图都是在某个特定方面对于整个系统描述的一个投影,结合起来可以完整地描述整个系统。UML 具有扩展机制,因而能适应时代发展,不断向前演化。

统一开发过程,即 Rational Unified Process(RUP),建立在 6 项最佳实践活动的基础上,目的是交付一个定义良好的过程。RUP 的核心在于:用例驱动;以体系结构为核心;以质量控制和风险管理为目标;迭代的、增量的过程。

Rational Rose 是支持 UML 的可视化建模工具,用于可视化建模和企业级水平软件应用的组件构造,是本书选用的 OOCASE 工具。

3.7 思考与练习

(1) 简单试述 UML 的意义。

(2) UML 软件开发过程的基本特征是什么?

(3) UML 软件开发过程的具体工作内容有哪些?

(4) 根据所学知识,试说明如何开发一个选定的软件系统。

(5) RUP 的特点是什么?

(6) 安装 Rational Rose,找到并了解 5 个视图结构模型。

第4章　需求分析与用例建模

无论用什么方法去开发软件系统,首要的核心任务都是确定需求,对于面向对象方法来说,就是建立用例(Use Case)模型。用例模型可以准确定义系统功能,告诉程序员用户希望使用软件来做什么,帮助分析员用可视化的方法描述用户提出的需求,其作用类似于结构化分析方法中的数据流图(DFD),但两者的思路和角度完全不同。

用例模型是开发过程的起点,它像引擎一样驱动着后续开发过程,系统中其他新建模型都依赖、服从于用例模型。在 UML 中,一个用例模型包括系统的用例图及用例描述,每个用例图的主要元素是用例和行为者。因此,建立用例模型的主要工作是根据用户需求画出用例图以及对用例进行描述。

本章将讲解使用 UML 创建用例模型的方法和要点。

❖ 学习目标

- 理解需求分析的任务和步骤
- 了解如何确定一个系统的范围和边界
- 掌握如何通过客户需求了解、发现和确定用例与行为者
- 掌握绘制用例图的步骤及其规格说明
- 理解如何描述用例之间的关联关系和层次
- 实践用例建模的方法

4.1　需求分析的核心概念和任务

"磨刀不误砍柴工"的道理大家都知晓,但应用到软件工程中的第一步——需求分析,却往往未能引起人们足够的重视。事实上,对软件需求的完全、准确的理解很大程度地影响了软件开发工作的成功。例如,开发人员若没有与客户进行充分的交流就开始开发,则结果常常不能被客户接受,他们或许还会抱怨是客户不知道自己想要什么;又如,开发人员不经沟通就将自己的主观构想直接增加到系统需求中,往往会画蛇添足,不仅得不到客户的认可,还影响了软件本身的质量。纠正需求错误的方法只能是不断地返工,不但浪费了时间、资源和精力,项目还不能按期完工。为什么会有这些情况呢?

一个经典的比喻是,如果你是一个建筑师,那么给自己的爱犬盖一个窝和建造一栋高档写字楼的区别在哪呢? 需求。前者在开工前只要稍微计划一下,用手头的木材、钉子、锤子、木锯等,就可以在没有任何人帮助的情况下用几个小时盖好一个狗窝,因为你的爱犬的需求仅仅是能遮风挡雨就可以了。然而如果是后者,一开始就准备好材料和工具,然后直接动手显然是无比愚蠢的行为,因为你正在使用投资者的钱,而这些人将决定建筑物的大小、形状和样式,甚至会在开工后改变他们的想法,你需要做额外的计划;又或者你可能只是很多个工作组的其中一个的成员之一,而你的团队需要同其他小组进行方方面面的沟通。

需求分析中会遇到各种各样的问题,这些问题会给整个项目的进展带来影响与损失。如图 4 - 1 所示,在一项关于影响项目进展的因素的调查研究中,除开技术技能不足与员工不足因素,需求分析遇到的问题的占比竟高达 37%。

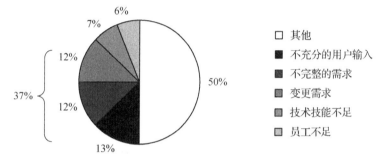

图 4 - 1　一项关于影响项目进展的因素的调查研究结果

4.1.1　需求的定义和类型

IEEE 软件工程标准词汇表将需求定义为:用户解决问题或达到目标所需的条件或能力;系统或系统部件满足合同、标准、规范或其他正式规定文档所需具有的条件或能力;反映上述所描述条件或能力的文档说明。

一个常规的方法是将需求按照功能性和非功能性来分类。

功能性需求指有具体的完成内容的需求,比如客户登录、邮箱网站的收发邮件、论坛网站的发帖留言等。

非功能性需求指软件产品为满足用户业务需求而必须具有且除功能需求以外的特性,包括系统的性能、可靠性、可维护性、可扩充性、对技术和对业务的适应性等。

例如,要求系统能满足 100 个人同时使用,页面反应时间不能超过 6 秒,这属于性能需求;要求系统能 7×24 小时连续运行,年非计划宕机时间不能高于 8 小时,并且能快速地部署,特别是在系统出现故障时能够快速地切换到备用机,这属于可靠性需求。

在统一过程(UP)中,需求按照"FURPS+"模型进行分类。"FURPS+"中的"FURPS"具体指以下需求:

(1) 功能性(Functional):特性、功能、安全性。

(2) 可用性(Usability):人性化因素、帮助、文档。

（3）可靠性（Reliability）：故障频率、可恢复性、可预测性。

（4）性能（Performance）：响应时间、吞吐量、准确性、有效性、资源利用率。

（5）可支持性（Supportability）：适应性、可维护性、国际化、可配置性。

在以上需求中，功能无疑是最基础和最重要的，因此本书的内容也首先针对功能建模展开。

"FURPS+"中的"+"是指一些辅助性的和次要的因素，用来强调各种不同的属性。比如：

（1）实现（Implementation）：资源限制、语言和工具、硬件等。

（2）接口（Interface）：强加于外部系统接口之上的约束。

（3）操作（Operation）：对其操作设置的系统管理。

（4）包装（Packaging）：例如物理的包装盒。

（5）授权（Legal）：许可证或其他方式。

此模型最早是由惠普公司的罗伯特·格雷迪（Robert Grady）及卡斯威尔（Caswell）提出，被业界广泛使用。

IEEE 在软件需求规格说明标准中，把好需求定义为正确、无歧义、可检验和可跟踪的需求；把好的需求集合定义为完整、一致和可修改的需求集合；把高品质软件需求特性定义为正确性、完整性、一致性、明确性、可验证性、依照重要程度及稳定度进行优先排序、可修改性、可追溯性、可理解性。

4.1.2 需求分析的任务

需求分析研究的对象是软件项目的用户要求，需求分析的任务不是确定系统怎样完成工作，而是借助于当前系统的逻辑模型导出目标系统的逻辑模型，解决目标系统"做什么"的问题。如图 4-2 所示是参考当前系统建立的目标系统模型。

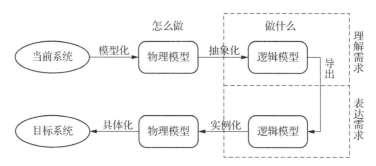

图 4-2 参考当前系统建立目标系统模型过程的示意图

需求分析是发现、求精、建模和规格说明的过程。包括：

（1）细化在项目开发计划中规定的软件范围。

（2）创建所需的数据模型、功能模型和控制模型。

（3）分析可选择的解决方案，并将它们分配到各个软件成分中去。

4.1.3 需求分析的过程

需求分析的过程可以分成 4 个阶段。

1）问题识别（需求获取）

（1）研究系统的可行性分析报告和软件项目实施计划。

（2）从系统角度来刻画与理解软件的功能和性能，指明软件与其他系统元素的接口细节。

（3）评审用于产生计划估算的软件范围是否恰当。

（4）确定对目标系统的综合需求，提出这些需求实现条件以及需求应达到的标准。

问题识别的另一项工作是建立分析所需要的通信途径，以保证能顺利地对问题进行分析。如图 4-3 所示，分析人必须与用户、软件开发机构的管理部门、软件开发组的人员建立联系；管理人员在此过程中起协调人的作用；分析员通过这种通信途径与各方面商讨，以便能按照用户的要求去识别问题的基本内容。

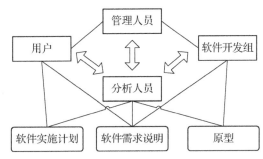

图 4-3 通信途径

2）分析与综合（需求建模）

（1）进行各种要求的一致性检查。

（2）逐步细化所有的软件功能。

（3）分解数据域并分配给各个子功能。

（4）找出系统各成分之间的联系、接口特性和设计限制。

（5）判断是否存在不合理的用户要求或用户尚未提出的潜在要求。

（6）综合成系统的解决方案，给出目标系统的详细逻辑模型。

3）编制需求分析阶段的文档（需求描述）

（1）编制软件需求规格说明（SRS）。

（2）制定数据要求说明书及编写初步的用户手册（User Guide）。

（3）确认测试计划。

（4）修改和完善软件开发计划。

（5）为开发人员和用户提供软件开发完成时进行质量评价的依据。

4）验证（需求评审）

作为需求分析阶段工作的复查手段，应该对功能的正确性，文档的一致性、完备性、准确性和清晰性,以及其他需求给予评价。

此外,RUP 中将需求分析定义为一个核心工作流,其目标是描述系统应该做什么,理解系统所解决问题的定义和范围,使系统开发人员能够清楚地了解系统需求,与客户和其他涉众在系统的工作内容方面达成共识并保持一致,包括:

(1) 定义系统边界(限定)。

(2) 为计划迭代的技术内容提供基础。

(3) 为估算开发系统所需成本和时间提供基础。

(4) 为了达到上述目标,对需要的功能和约束进行提取、组织、文档化。

4.2 用例图

在面向对象的分析和设计中,建立用例模型来描述系统功能需求。用例模型是 UML 架构中"4+1"视图的核心,属于 RUP 中可视化建模的一部分。用例模型中最主要的图形工具是用例图,有时也用活动图来帮助描述用例的具体细节。

4.2.1 用例图的定义与组成元素

用例图(Use Case Diagram,或称用况图)描述用户对系统的需求。UML 侧重从最终用户的角度来理解软件系统的需求,用例图具体描述相关用户、用户如何使用这个系统、系统和用户以及系统和外部系统之间的交互过程,以便使系统的用户更容易理解这些元素的用途,也便于软件开发人员最终实现这些元素。用例图在各种开发活动中被广泛应用,但是它最常用来描述系统需求。

用例图将系统功能划分成对行为者(即系统的理想用户)有用的需求,交互部分被称为用例。用例使用系统与一个或多个行为者之间的一系列消息来描述系统中的交互。

用例图的组成元素有:行为者(Actor)、用例(Use Case)、行为者与用例间的关系以及用例和用例间的关系。

用例图可以包含注释和约束,还可以包含包,用于将模型中的元素组合成更大的模块。有时,可以将用例的实例引入到用例图中。

如图 4-4 所示,行为者用人形图标表示,用例用椭圆形符号表示,连线表示它们之间的关系。

图 4-4 用例图包含元素示例

❖ 案例学习

◎ 用例图能准确说明客户对他们要开发的应用程序期望有什么样的功能。从客户角度看,自动柜员机系统应具备存款、取款、查询余额、修改密码及转账基本功能,因此一个最简单地定义客户与用例间关系的用例图如图 4-5 所示。

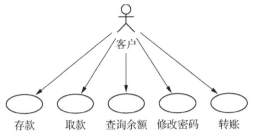

图 4-5　自动柜员机(ATM)系统的用例图

当然,用户往往只提出基本的需求,分析员需在核心用例的基础上继续分析细化每个功能,建立更详细的用例图。

4.2.2　系统边界

系统边界是指一个系统的所有系统元素与系统以外的事物的分界线。如图 4-6 所示,系统是由一个边界包围起来的未知空间,系统只通过边界上的有限个接口与外部的系统使用者(人员或外部系统)进行交互。因此简单地说,用例模型里的所有行为者都在系统边界以外,而用例表示的系统功能都在系统边界以内。

图 4-6　系统使用者和系统边界示意图

例如,对于财务管理系统而言,生产管理系统和进、销、存管理系统等是其边界以外的外部系统,企业经理等使用财务管理系统的财务处人员及其他相关人员和部门是财务管理系统的外部事物,而财务管理系统中的银行借贷、成本核算、固定资产折旧等程序功能模块是系统边界内部的成分。但对于企业综合管理系统而言,财务管理子系统、生产管理子系统和进、销、存管理子系统等程序功能模块都成为系统边界内部的成分。各个子系统的操作人员、相关部门经理等都是系统的用户,他们是系统的外部事物。由此可见,系统的边界与开发的目标、任务和规模大小有关。

实际建模时,由于所有行为者都定义在系统边界外部,所有用例都定义在系统边界内部,所以用例图中常常可以省略边界,例如 Rational Rose 中就没有直接表示边界的符号(可以借用包的符号表示)。但是在用例图中不画边界,却把行为者画在图的正中,把用例画在周围,这种表示方法是不值得推荐的。

4.2.3　行为者

行为者是指在系统外部与系统交互的实体,可以是人或者其他系统、硬件设备甚至是时间(当系统需要定时触发时,时钟就是行为者)。用一个简化的人形图标来表示行为者,如图4-7所示。注意,无论行为者是人或是其他系统,UML的语法定义了行为者能且仅能用这种唯一的符号表示。

图4-7 行为者的表示法

每个行为者可以参与一个或多个用例,一个用例也可以被多个行为者参与。行为者通过交换信息与用例发生交互(因此也与用例所在的系统发生了交互),而行为者的内部实现与用例是不相关的,可以用一组定义其状态的属性充分描述行为者。

1) 定义行为者

如何才能准确定义行为者呢? 需要注意到以下几个要点:

(1) 行为者之间可以有泛化(继承)关系

行为者在系统中也是对象,用类来定义,因此类之间的关联也适用于行为者。用例图中,可以用泛化(继承)关系来描述多个行为者之间的关系。行为者之间的泛化关系用一个三角箭头表示,与 UML 中类之间的泛化关系所用的符号相同。

❖ **案例学习**

◎ 如图4-8所示,某租赁公司接受客户的电话预定和网上预定。行为者"客户"描述了行为者"电话客户"和"网上客户"所扮演的父类角色。如果不考虑客户是如何与系统接触的,可以使用父类行为者;如果强调接触发生的形式,那么用例必须使用实际的特殊行为者,即子类行为者。

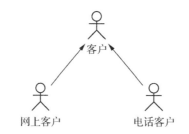

图4-8 行为者之间的泛化关系示例

(2) 行为者代表一种角色,而不是具体某个人

一个人在系统中可以成为几个不同的行为者,即表示他担任了几个不同的角色。例如在房地产开发经营管理系统中,对于某个购房者而言,他在房屋销售子系统中是购房合同的签约方,而在物业管理子系统中是房屋的业主,他一个人在整个系统中担任了两个角色。

(3) 对同一个人所担任角色的限制

为了保证系统的安全及在业务上完善相互制约机制,一个人担任的角色应该是有限制的。例如,一个人不能既签订合同又审批合同,使合同审批形同虚设。

（4）行为者可以分为主行为者和副行为者

① 主行为者：使用系统的主要功能。例如，保险系统中主行为者处理保险的注册和管理。

② 副行为者：处理系统的辅助功能。例如，数据库管理、通信、系统备份以及其他管理等系统维护工作。

对这两类行为者都要建模，以保证描述系统完整的功能特性。

（5）行为者可细分为主动行为者和被动行为者

① 主动行为者：启动一个或多个用例。例如，图 4-5 所示的自动柜员机（ATM）系统用例图中，在自动柜员机（ATM）系统中的银行客户所启动的用例有查询余额、取款、存款、转账等，所以银行客户是一个主动行为者。

② 被动行为者：从不启动用例，只参与一个或多个用例。例如，用户使用 QQ、微博等客户端软件，启动软件后，在用户不使用软件的情况下，软件的后台进程会自动为用户推送新的消息。

2）确定行为者

当划分好系统范围并明确系统边界后，在获取用例前首先要确定与系统交互的外部事物，从而准确确定行为者。可以通过回答以下问题来寻找系统的行为者：

（1）谁将使用该系统的主要功能？

（2）谁需要系统的支持以完成日常工作任务？

（3）谁负责维护、管理该系统并保持系统正常工作状态？

（4）谁改变了系统的数据信息？

（5）谁从系统获取数据信息？

（6）该系统需要与哪些外部系统交互？

（7）系统需要处理哪些硬件设备？

（8）谁（或者哪些外部系统）对该系统产生的结果感兴趣？

在对行为者建模的过程中，必须牢记以下几点：

（1）行为者对于系统而言总是外部的，因此它们可以处于人的控制之外。

（2）行为者可以直接或间接地同系统交互，或使用系统提供的服务以完成某件事务。

（3）行为者表示人和事物与系统发生交互时所扮演的角色，而不是特点的人或者特定的事物。

（4）一个人或事物在与系统发生交互时，可以同时或不同时扮演多个角色。

（5）每一个行为者需要一个与其业务一致的名字，在建模中不推荐使用类似于"新行为者"这样模糊无意义的名字。

（6）对每一个行为者应该有简短的描述，从业务角度描述行为者是什么。

（7）和类一样，行为者可以具有表示行为者的属性和可以接受的事件，但使用得不频繁。

4.2.4　场景和用例

用例是能够被行为者感受到的，由系统所执行的一系列完整动作（功能），表示行为者与系统间的交互,为相关的行为者提供其所期望的服务。用例的用途是在不揭示系统内部构造的前提下定义连贯的行为。系统的功能是通过行为者使用用例来实现的。

用例是由一组用例的实例组成的,每一个用例的实例称为场景(Scenario),例如,用例"签署购房合同"的一个实例(场景)是:张小明刚刚签订了一份 15 年的银行按揭贷款购房合同,购买了 120 平方米的房子。场景是用户使用系统的一个实际的、特定的事件流集,一个用例的多个场景就覆盖了所有的正常与异常的事件流,如图 4-9 所示。场景帮助我们验证用例是否能满足客户提出来的功能需求并驱动测试用例的编写。实际上,在分析人员与客户的交流中,客户所描述的通常是一些场景,而分析人员需要讨论、归纳不同的场景对应的系统功能,并由此分类总结出完整的用例。

图 4-9　一个用例中包含的事件流与场景

在 UML 中用例用一个包含用例名称的椭圆图标来表示,用例的名称可以直接给出,或者连同该用例所在的系统边界(即包或子系统)名称一起给出,如图 4-10 所示。

图 4-10　用例的表示法

特别需要注意的是,用例名称表达了一个系统功能,应该以动宾短语形式出现,即这个事件必须有一个动作和动作的受体。图 4-11 中右图表示了正确的用例名称描述方法,像左图那样用一个名词来表示用例名称是绝对错误的。

图 4-11　用例名称的正确描述方法

从用例的定义可以看出,用例是对系统用户的功能需求的描述,表达了系统的功能和提供的服务。用例除完成系统内部的计算与工作外,还包括与一些行为者的通信,即通信关联。每个通信关联都代表了一段对话,行为者与用例之间进行对话的渠道用一个带箭头或不带箭头的线表示,如图 4-12 所示(注意此图仅为示意,不表示具体的用例图)。

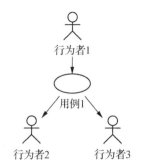

图 4 - 12　通信关联示意图

箭头表示谁发起了这次对话,没有箭头则表示任何一方都可能发起对话。和 DFD 中的定义不同,箭头并不表示数据流,在这里数据流总是双向的。

1) 用例的特征

(1) 响应性:一个用例不会自己自动执行,总是被行为者启动。行为者的愿望是用例存在的原因。不存在没有行为者的用例,也不应该由用例主动启动另一个用例。

(2) 回执性:用例执行完毕,向行为者提供可识别的返回值。用例的执行结果对行为者来说是可观测的和有意义的。

(3) 完整性:用例表示一个完整的功能,必须是一个完整的描述。

2) 寻找和确定用例

(1) 用例分类

系统分析人员必须分析系统的行为者和用例,它们分别描述了“谁来做”和“做什么”这两个问题。一般习惯上根据用例产生的阶段和功能不同把用例分为业务用例和系统用例。

① 业务用例:系统开发开始阶段,在确定用户需求的过程中,系统分析人员通过与客户交流建立业务模型来发现和确定的用例。

② 系统用例:系统构造阶段,系统分析和设计人员在进行系统分析和设计时,根据系统的需求建立的用例。

(2) 确定业务用例

业务用例是系统提供的业务功能与行为者(用户)的交互,描述问题域中各实体之间的联系和业务往来。在建立业务需求模型时,可以通过与每个行为者(用户)交流以下与业务有关的问题来寻找和确定用例:

① 用户(执行者)需要系统提供哪些业务功能,即系统能做什么?

② 用户最关心系统中哪些事件? 从功能观点看,这些事件表示什么?

③ 用户要了解系统在工作中发生了哪些事件及相应结果。

④ 用户自己需要做什么?

⑤ 用户是否要在系统中创建、删除、读、修改或存储某类业务数据?

⑥ 系统的新功能是否能使用户的日常工作简化或提高效率?

通过与用户的反复交流,确定主要业务用例和次要业务用例。建立的每一个业务用例都需要一组系统用例来辅助和支持。

（3）确定系统用例

系统用例是行为者与系统的交互，它描述了系统的功能需求和动态行为。系统用例用于建立系统用例模型，可通过分析系统的业务流和控制流来寻找和确定系统用例：

① 系统为了维持正常运转需要增加的功能和信息的交互。

② 这些信息从何而来，到哪里去？

③ 实现当前系统（可能是人工系统而不是自动化系统）的关键问题是什么？

在系统开发的开始阶段，应把注意力集中在业务用例上，在精化阶段和构建阶段再考虑系统用例。开发一个项目所选取用例的个数应该适当，以简洁、准确、完整地描述系统功能需求和方便系统开发运作为标准。

识别用例最好的方法就是从分析系统的行为者开始，考虑每个行为者是如何使用系统的。以上分析得到的用例可能没有明显直接的行为者，但在使用这种策略的过程中可能会发现新的行为者，这对完善整个系统的建模有很大的帮助。用例建模的过程就是一个迭代和逐步精炼的过程，系统分析者首先从用例的名称开始，然后添加用例的细节信息。这些信息由简短的描述组成，它们被精炼成完整的规格说明。

4.3 用例之间的关系

不但在行为者和用例之间存在关联（Association）关系，用例之间也存在一定的关系。UML 把用例之间存在的关系主要分为三种：包含（Include）、扩展（Extend）以及泛化（Generalization）。用例之间的关系是用例建模中另一个需要准确定义的重要元素。

4.3.1 包含关系

包含关系可以看作一种特殊的依赖关系。包含关系中，基本用例包含另一个用例的行为功能，如果没有后者它将是不完整的，它依赖于被包含部分才有意义。进一步地说，从基本用例到被包含用例的包含关系表明：基本用例在用它内部说明的某一（些）位置上显式地使用供应者用例的行为的结果。

UML 中用表示依赖关系的带实心箭头的虚线表示用例之间的包含关系，箭头从基本用例指向被包含用例，虚线上方必须注明构造型≪include≫，如图 4-13 所示。

基本用例   被包含用例

图 4-13 包含关系的表示方法

❖ **案例学习**

◎ 图 4-14 中，"权限认证"用例的功能在"借阅书籍"用例的执行过程中被使用，不管如何处理"借阅书籍"用例，总是要执行"权限验证"用例对借书者进行借书权限的验证，因此两个用例具有包含关系。

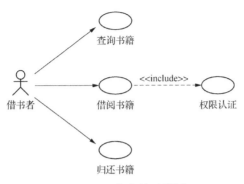

图 4 - 14　包含关系举例

包含关系使一个用例的功能可以在另一个用例中使用。

（1）如果有两个以上的用例有大量一致的功能，则可以将这个功能分解到另一个用例中，其他用例可以和这个用例建立包含关系。

（2）一个用例的功能太多时，可以将包含关系划分成两个或多个小用例。

因此包含关系的作用一是可以抽象出公共事件流，实现功能代码的重复使用；二是包含用例被抽取出来，基本用例得以简化。

与包含关系类似的还有使用关系，常用构造型≪use≫来表示。使用关系也是一种依赖关系，与包含关系不同的是，使用关系更多地用于供许多用例使用的公共用例，而包含关系更多地用于将一个用例的功能分出去来简化用例。

4.3.2　扩展关系

一个用例的对话流程中，可能会根据条件插入执行另一个用例以使用其功能，这个被插入的用例可以定义为基础用例的增量扩展即扩展用例，这样在描述基本动作序列的基本用例和描述可选动作序列的扩展用例之间就建立了扩展关系。扩展用例是可选的，如果缺少扩展用例，不会影响到基础用例的完整性；扩展用例在一定条件下才会执行，并且其执行会改变基础用例的行为。扩展用例依赖于基本用例，只是由部分片段组成，不是完整的独立用例，无法单独执行。进一步地讲，从基本用例到扩展用例的扩展关系表明：按基本用例中指定的扩展条件，把扩展用例的动作序列插入到由基本用例中的扩展点定义的位置。

扩展关系也是依赖关系的一种，因此也用带箭头的虚线表示，箭头从扩展用例指向被扩展用例（即基础用例），虚线上方注明构造型≪extend≫，如图 4 - 15 所示。

图 4 - 15　扩展关系的表示方法

❖ **案例学习**

◎ 图4-16中,基础用例是"归还书籍",扩展用例是"交罚金"。如果书籍顺利归还,那么执行"归还书籍"用例即可。如果超过了还书时间或者书籍受损,按规定借书者需要交一定的罚金,这个时候就不能执行"归还书籍"用例提供的常规动作。若更改用例"归还书籍",势必会增加系统复杂性,因此在用例"归还书籍"中增加扩展点,即扩展条件为超时或者损坏,满足此扩展条件将执行扩展用例"交罚金",使得系统更容易被理解。

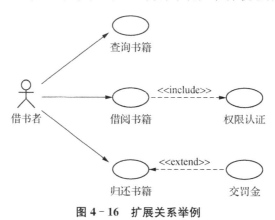

图4-16 扩展关系举例

基础用例提供了一组扩展点(Extension Point),在这些扩展点中可以添加新的行为,而扩展用例提供了一组插入片段,这些片段能够被插入到基础用例的扩展点。扩展关系可以有控制条件,当用例实例执行到一个扩展点时,控制条件决定是否执行扩展。因此,扩展关系可处理事件流的异常或可选事件,即在用例规格说明中由扩展事件流来说明描述,如表4-1所示。

表4-1 用例规格说明示意图

用例名称	归还书籍
用例概述	借书者登录图书系统归还书籍
行为者	借书者
前置条件	借书者成功登录到该系统中
后置条件	系统显示书籍成功归还
基本事件流	1. 借书者向系统提出个人归还请求,用例开始 2. 系统要求借书者输入想要归还的书籍信息 3. 借书者输入要归还的书籍信息 4. 系统检查归还书籍的信息,确认归还成功,用例结束
扩展事件流	1. 如果归还书籍已经过期,系统显示要求交纳罚金 2. 如果书籍损坏,系统显示要求交纳罚金

基础用例不必知道扩展用例的任何细节,它仅为其提供扩展点。事实上,基础用例没有扩展也是完整的,这一点与包含关系有所不同。一个用例可能有多个扩展点,每个扩展点也可以出现多次。但一般情况下,基础用例的执行不会涉及扩展用例的行为,只有扩展条件被涉足,扩展用例的行为才被执行,然后事件流继续。

扩展关系为处理异常或构建灵活系统框架提供了一种有效的方法。包含关系和扩展关系的使用场合如下:

(1) 包含关系:当一个通用的用例可以成为几个特殊的用例的组成部分的时候用包含关系。

(2) 扩展关系:当一个用例是一个一般用例的特例时用扩展关系(要说明扩展点)。

图 4-17 中,包含关系由用例 1 连向用例 2,表示用例 1 使用了用例 2 中的行为功能;扩展关系由用例 4 连向用例 3,表示用例 3 描述了一项基本需求,而用例 4 描述了该基本需求的特殊情况即扩展。

包含关系和扩展关系的区别是:

(1) 相对于基础用例,扩展用例是可选的,而包含用例则不是。

(2) 如果缺少扩展用例,基础用例还是完整的;而缺少包含用例,则基础用例就不完整了。

(3) 扩展用例的执行需要满足某种条件,而包含用例不需要。

(4) 扩展用例的执行会改变基础用例的行为,而包含用例不会。

图 4-17　包含关系和扩展关系的区别

4.3.3　泛化关系

泛化关系即继承关系,若一个用例可以被特别列举为一个或多个子用例,这就称为用例泛化。当多个用例共同拥有类似的结构和行为的时候,可以将它们的共性抽象成父用例,其他的用例作为泛化关系中的子用例,当父用例能够被使用时,任何子用例也可以被使用。

用例间的泛化关系和类间的泛化关系类似,即在用例泛化中,子用例表示父用例的特殊形式。子用例从父用例处继承行为和属性,还可以添加行为或覆盖、改变已继承的行为。父用例和子用例具有具体的实例,子用例的实例可以出现在父用例的实例出现的任何位置。

UML 中用一条带实心箭头的实线表示用例之间的泛化关系,箭头从子用例指向父用例,如图 4-18 所示。

图 4-18　泛化关系的表示方法

案例学习

◎ 图4-19中,父用例是"查询书籍",两个子用例分别是"精确查找"用例和"模糊查找"用例。这两个用例都继承了父用例的行为,并添加了自己的行为。

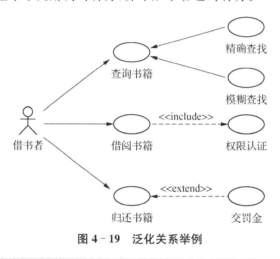

图4-19 泛化关系举例

4.4 用例图的规格说明

在UML中,一个用例模型包括系统的用例图及用例描述,用例描述即用例规格说明。建立的用例模型中,用例图没有显示不同路径,只显示了行为者与用例之间的关系,无法知道其实际过程,因此需要为用例图配上结构化叙述的详细说明,对用例进行描述,使系统功能定义更加完整。

一个完整的用例模型描述包括用例名称、行为者、前置条件、场景和后置条件等,如图4-20所示。

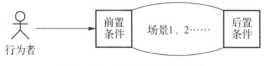

图4-20 用例规格说明示意

场景是用例为了回应事件而采取的步骤,每一个场景由一系列业务事件流组成,事件流分为三种:基本事件流、备选事件流和异常事件流。

在需求分析时,用户往往会向分析人员描述多个不同的场景,而这些场景可能因为目的相同而被定义为一个用例,因此定义用例时要合理掌握用例的粒度。如果粒度太粗,则一个用例可能会包含太多复杂的场景,为系统后续开发增加不必要难度;如果粒度太细,一个场景甚至一个事件流也被定义为一个用例,会导致系统功能支离破碎。

为统一格式,一个项目应该使用统一的用例模板,表4-2总结了用例描述格式。

表4-2 用例描述模板

描述项	说明
用例名称	通常用一个表示用例意图的动词或动宾结构对用例进行命名
用例简述	对该用例的简单描述
行为者	列举参与用例的所有行为者
状态[可选]	通常为:未通过审查/等待审查/正在审查/通过审查
前置条件	描述启动该用例所必须具备的条件
后置条件	描述在用例结束时必须满足的条件,明确标识执行该用例后的预期结果
基本事件流	描述用例的基本流程,指每个流程正常运作时所发生的事件流
备选事件流	表示这个事件流是可选的或备选的,并不是经常发生的事件流
异常事件流	表示不按设想顺利进行的事件流,是应用程序中必须要捕获的异常情况
包含用例[可选]	列举该用例所包含的用例和包含它的用例
扩展用例[可选]	列举该用例可以扩展的用例和扩展它的用例
泛化用例[可选]	列举该用例的子用例和父用例
备注[可选]	提供该用例的附加信息

用例模型描述需要达到以下要求:

(1)用例模型描述必须既能让业务人员看懂,又能让技术人员看懂,以便日后的业务确认和设计开发。因此,从业务人员的角度来说,不能使用过多的技术语言,而要从技术的角度详细清楚地表述各个功能的操作流程,用到专业的业务术语时需要对必要的业务术语进行解释。

(2)用例模型描述必须清晰准确地表达每一个业务需求,明确每一个术语、每一段描述,不能存在异议。

(3)用例模型描述必须从各个角度全面地反映客户对系统的期望。用例模型描述对业务需求把握得越全面越详尽,项目出现偏差和风险的几率就越小。

用例描述虽然看起来简单,但事实上它是捕获用户需求关键的一步。

4.5 案例分析

用例建模的主要步骤是:
(1)分析系统需求。
(2)确定系统边界。
(3)确定行为者与用例。
(4)找出用例的层次与关系。
(5)建立用例图并描述用例。

在本节中我们选取两个案例作为实验指导,演示整个系统的需求分析和用例建模的过程和思路。

4.5.1 案例一 电子投票系统的需求分析和用例建模

1) 需求分析

电子投票系统为民主选举的平台,一次电子投票可能涉及一个或多个职位的竞选,每个职位的竞选涉及多个候选人。在一个具体职位的竞选时,投票人能看到该职位的名称以及相应的候选人(每个职位的候选人不超过 5 个)。

投票机由一名监督员启动,为了将电子信息加载到投票机上,监督员必须输入验证码。电子信息是以文件的形式存储在服务器上的,该文件包含这次电子投票的标题以及每个职位的竞选信息。当信息加载到投票机上时,监督员审核这些信息,如果信息有误,监督员将终止该程序并重新加载数据;如果信息正确,监督员将再次输入验证码进行确认,此时投票可以开始。投票结束后,监督员审查结果并关闭机器。

投票者只能为该职位选中一个候选人,每个职位的竞选作为一屏独立的信息提交给投票者。每个投票者在投票前必须输入自己的身份证号码,以避免多次投票给同一候选人。投票者可以查看每个职位的竞选信息并投票,也可以翻屏方式返回先前的屏幕修改投票决定。投票结束时,投票者将看到自己给每个职位的投票结果(职位的名称和每个候选人的得票数),结果以独立的一屏信息显示。

2) 确定系统边界

只进行身份验证与竞选信息的载入及统计,不进行票务的修改处理等。

3) 确定行为者与用例

与系统核心功能相关的行为者有两种:监督员与投票者。监督员负责审核职位竞选信息、重载数据与启动投票,投票者参与投票并可以查看职位竞选信息与投票结果。

4) 建立用例图并描述用例(包含用例的层次与关系)

根据对整个电子投票系统的参与者及用例的分析,构造顶层用例图,如图 4 - 21 所示。

监督员　管理系统　　　　　　投票　投票者

图 4 - 21　电子投票系统的顶层用例图

下面细化电子投票系统用例图的用例。

(1) 监督员

① 确认监督员身份。

② 加载电子信息。

③ 审核电子信息。

④ 终止程序并重载数据。

⑤ 审核投票结果。

(2) 投票者

① 投票。

② 确认投票者身份。

③ 查看竞选信息。

④ 查看投票结果。

⑤ 修改投票。

构造细化用例图,如图 4 - 22 所示。

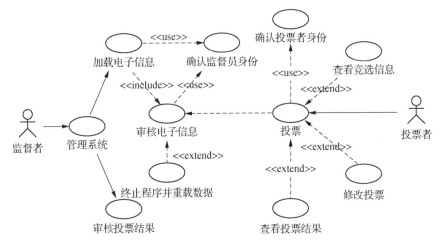

图 4 - 22 电子投票系统的细化用例图

在此选择几个重要用例进行描述,作为样式参考。

(1) 用例 1

用例名称:加载电子信息。

用例简述:监督员登录电子投票系统后,加载电子信息并审核电子信息以启动投票。

行为者:监督员。

前置条件:监督员以管理员身份登录系统,审核信息完毕后再次成功验证身份。

后置条件:成功启动投票。

基本事件流:

① 输入验证码确认监督员身份。

② 审核竞选信息。

③ 再次输入验证码。

④ 启动投票。

备选事件流:

① 输入验证码错误,提示重新输入。

② 审核信息发现有误,监督员向系统提出"重载数据"请求,重载数据。

③ 输入验证码错误,提示重新输入。

异常事件流:检测到无法识别的标识符或系统故障,操作失败,允许监督员重新输入或登录。

(2) 用例 2

用例名称:投票。

用例简述:为投票者提供投票功能。

行为者:投票者。

前置条件:投票者成功登录系统。

后置条件:投票者将看到自己给每个职位的投票结果以一屏信息显示。

基本事件流:

① 投票者登录系统,发出"投票"请求,用例开始。

② 投票者输入身份证号进行身份验证。

③ 投票者进行投票。

④ 投票结束。

备选事件流:

① 身份验证时,输入的身份证号不符合,提示重新输入。

② 身份验证时,身份证号已投过票,提示已投过票。

③ 投票结束后,投票者向投票系统发出"查看投票结果"请求,系统显示投票结果。

④ 投票结束后,投票者向投票系统发出"查看竞选信息"请求,系统显示职业竞选信息。

⑤ 投票结束后,投票者向投票系统发出"修改投票"请求,投票者以翻屏方式返回先前屏幕,修改投票决定。

异常事件流:检测出无法识别的标识符或系统故障,操作失败,允许投票者重新输入或登录。

4.5.2 案例二 某高校艺术类招生考试管理系统的需求分析和用例建模

普通高等院校的招生工作是由教育部网上录取系统统一进行的,但一些特殊类别的考生录取,例如艺术类、体育类考生等,高校需要在进行专业课考试和文化课考试之后自主录取。这里选取的是某高校艺术类招生考试管理系统的原型。

1) 需求分析

艺术类招生考试管理系统的主要工作分为两个阶段:高考前专业课考试管理阶段和高考后考试录取阶段。经与用户的沟通,确认招生考试管理需包括的核心功能有:

① 专业考试评分,即提供评分专家现场评分。

② 考生基本信息处理,即对考生基本信息的录入、修改、删除等。

③ 考生专业成绩处理,即对考生专业成绩(包括考试状态等)的录入、核对等。

④ 考生文化成绩处理,即对考生文化成绩的录入、核对等。

⑤专业考试合格证处理,即通过预测合格线等操作,最终确定专业考试合格线和打印合格证等。

⑥ 预录取处理,即通过预录取策略的设置来获取预录取的名单并提供手工调整预录取功能。

⑦ 最终录取处理,即设置最终录取名单。

此外,系统还应具有以下功能:

① 信息查询,包括专业总分和专业考试合格证查询、预录取结果查询等。

② 报表,包括专业考试总报表和录取总报表,以及相关统计报表等。

③ 数据导入导出,包括考生基本信息导入、考生专业分数和文化分数的导入,以及专业考试合格名单导出、预录取结果导出、最终录取结果导出等。

④ 系统基本信息维护,如用户信息维护、日志查询、编号表维护、系统参数维护等。

系统的用户应包含校领导、招生办公室领导、招生办公室工作人员(包括信息录入员等)和其他相关部门的相关人员等。不同类型的用户对应不同的使用权限,这些权限将由招生管理人员自行配置。

系统最主要的用户是招生办公室的招生人员,他们本身熟悉艺术类招生的相关政策和工作流程,会中文输入,能够使用 VFP 等工具手动地完成整个艺术招生流程。同时,他们具有使用教育部网上招生系统的经验,并形成了一定的操作习惯。因而目标系统应做到界面友好,能提供帮助和纠错,并尽可能满足用户的操作习惯。对于工作量较大的信息录入人员,系统力求做到操作简单方便,帮助用户提高输入速度和正确率。

2) 确定系统边界

只进行考生录取处理和专业考试处理,不包括其他财务或行政管理。

3) 确定行为者与用例

与系统核心功能相关的主要有两种用户:招生人员与信息录入员。招生人员负责协调整个招生工作,可以参与到招生工作的各阶段中;而信息录入员则主要负责考生信息与考生成绩录入工作。在用例建模中这两种用户被定义为行为者。

4) 建立用例图并描述用例(包含用例的层次与关系)

根据对整个艺术类招生考试管理系统的参与者及用例的分析,构造顶层用例图如图 4 - 23 所示:

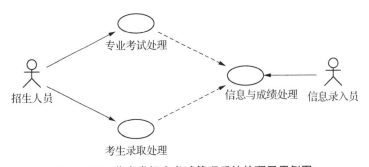

图 4 - 23　艺术类招生考试管理系统的顶层用例图

下面针对专业考试处理用例与考生录取处理用例分别进行细化,

(1) 专业考试处理用例

① 专业考试基础信息维护。

② 考生基本信息处理。

③ 考生专业成绩处理。

④ 专业考试合格证处理。

⑤ 招生计划信息处理。

(2) 考生录取处理用例

① 各省文化考试基础信息维护。

② 考生文化成绩处理。

③ 考生志愿信息处理。

④ 预录取处理。

⑤ 最终录取处理。

构造两个细化用例图,和图 4 - 24 和图 4 - 25 所示。

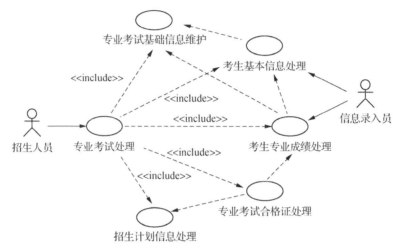

图 4 - 24　专业考试处理用例图

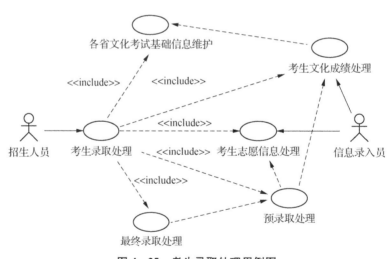

图 4 - 25　考生录取处理用例图

图 4 - 24 中,"专业考试处理"用例包含(include)了"专业考试基础信息维护"等 5 个子用例。其中信息录入员因为权限的关系,仅参与"考生基本信息处理"和"考生专业成绩处理"两个子用例,并且对这两个子用例只有录入信息和核对信息的功能,不能做信息的修改,而招生人员可使用所有子用例中的处理功能(除录入功能外)。5 个子用例之间有一定的关联。首先,"考生基本信息处理"子用例依赖于"专业考试基础信息维护"子用例,这是因为

"考生基本信息处理"子用例中的部分内容(如考生的考试课目)是由该考生报考专业决定的,而专业的情况是"专业考试基础信息维护"子用例的功能。类似地,"考生专业成绩处理"子用例依赖于"专业考试基础信息维护"和"考生基本信息处理"子用例,这是因为要进行考生专业成绩的录入、维护等工作,必须在考生的基本信息和考生所报考专业的考试信息都完整的情况下进行。"专业考试合格证处理"子用例依赖于"招生计划信息处理"和"考生专业成绩处理"子用例,这是因为发放专业考试合格证的前提是考生专业成绩和招生计划信息都处理完毕。

图 4-25 中,"考生录取处理"用例包含(include)了"各省文化考试基础信息维护"等 5 个子用例。信息录入员参与了"考生文化成绩处理"和"考生志愿信息处理"两个子用例,并且仅有录入信息和核对信息的权限,不具有修改和维护的权限。招生人员可使用所有子用例的处理功能(除录入功能外)。5 个子用例之间也具备一定的依赖关系。"考生文化成绩处理"子用例依赖于"各省文化考试基础信息维护"子用例,因为要录入并维护考生的文化成绩,前提是该考生所在省份所考类别的文化课课目的信息是完整准确的。"预录取处理"子用例依赖于"考生志愿信息处理"和"考生文化成绩处理"两个子用例,因为考生志愿、文化成绩、专业成绩、招生计划(后两者依赖于"专业课考试处理"用例,图 4-25 中无表示,可从图 4-24 中看到)决定了预录取的结果。"最终录取处理"子用例是一个审批和微调的过程,需要依赖于"预录取处理"子用例的结果。

在此选择专业考试处理用例图与考试录取处理用例图中几个典型的用例进行描述,作为样式参考。

(1) 用例 1

用例名称:专业考试基础信息维护。

用例简述:为招生人员提供对专业考试处理中的基础信息进行维护的功能。

行为者:招生人员。

前置条件:招生人员以管理员身份登录系统。

后置条件:招生人员保存数据后,数据被存储入数据库;若未保存数据退出,对数据不做保存。

基本事件流:

① 专业类别维护

a. 添加专业类别,输入专业编码、专业名称。

b. 修改专业类别中的专业编码、专业名称。

c. 删除专业类别。

d. 保存修改。

② 考生信息维护

a. 添加考生信息。

b. 修改考生信息。

c. 删除考生信息。

d. 保存修改。

备选事件流：

① 专业类别维护

a. 添加时，未输入专业编码、专业名称，提示输入。

b. 添加时，专业编码不唯一，提示错误。

c. 修改时，未输入专业编码、专业名称，提示输入。

d. 修改时，专业编码不唯一，提示错误。

e. 删除时，未选择记录，提示未选择。

② 考生信息维护

a. 添加时，未输入考生信息，提示输入。

b. 添加时，考生信息不唯一，提示已存在。

c. 修改时，未输入考生信息，提示输入。

d. 删除时，未选择记录，提示未选择。

异常事件流：检测出无法识别的标识符，操作失败，允许招生人员重新输入。

（2）用例2

用例名：考生文化成绩处理。

用例简述：为信息录入员提供对考生文化成绩进行录入与核对的功能。

行为者：信息录入员。

前置条件：信息录入员以管理员身份登录系统。

后置条件：信息录入员录入数据后，数据被存储入数据库；若未保存数据退出，对数据不做保存。

基本事件流：

① 考生文化成绩录入

a. 选择考生编号、专业类别、专业编码及专业名称，录入考生文化成绩。

b. 保存信息。

② 考生文化成绩核对

a. 选择考生编号、专业类别、专业编码及专业名称，查询考生文化成绩。

b. 核对考生成绩。

备选事件流：

① 考生文化成绩录入

a. 录入时，未输入考生编号、专业编码、专业名称，提示输入。

b. 录入时，名单有误，错误信息提交给系统，由招生人员更新名单。

② 考生文化成绩核对

a. 查询时，未输入考生编号、专业编码、专业名称，提示输入。

b. 查询时，考生信息不存在，提示不存在。

c. 核对时，考生无文化成绩信息，提示输入。

d. 核对时，考生文化成绩有误，重新录入考生成绩。

异常事件流：检测出无法识别的标识符，操作失败，允许信息录入员重新输入。

4.6 本章小结

需求分析是软件开发中最重要的步骤,对软件需求能否完全、准确地理解,很大程度地影响了软件开发工作能否成功。对于面向对象方法来说,需求分析就是建立用例(Use Case)模型。用例图也是 UML 中用例视图最重要的部分。本章介绍了用例图中两个重要元素——行为者和用例的语法语义,重点分析了用例之间可能的几种关系:依赖、包含、扩展、泛化等。

如何根据系统需求定义最准确合理的用例图是用例建模中的难点,深入分析用户提供的各类场景,特别是找到各种异常的事件流,从而归纳总结出对应的用例,是一个可行的办法。场景能够帮助我们验证用例是否能满足客户提出来的功能需求并驱动测试用例的编写。

定义用例时,要合理掌握用例的粒度。粒度太粗,则一个用例可能会包含太多复杂场景,为系统后续开发增加难度;粒度太细,一个场景甚至一个事件流也被定义为一个用例,则导致系统功能支离破碎。

需要特别注意的是,用例图本身并不能足够清楚地描述需求,一个完整的用例模型还必须包括文字说明,即规格说明。一个完整的用例描述包括用例名称、行为者、前置条件、场景和后置条件等。在本书后续的"动态建模"一章中讲述的活动图也常常被用于对用例进行补充说明。

4.7 思考与练习

(1) 简述需求分析的步骤。

(2) 什么是用例? 用例和场景两者之间有什么联系与不同?

(3) 用例之间的关系有哪些? 简述它们的区别。

(4) 按照以下对保险公司的业务描述,完成用例建模:参保顾客与保险公司业务员签署保险凭单;保险公司业务员统计自己业务范围内的保险金额和参保顾客人数;保险公司业务经理查询统计公司所有保险总金额和参保顾客总人数。

(5) 按照以下对教学管理系统的业务描述,完成图例建模:教学管理系统包含选修课管理和学生成绩管理两个主要功能。学生可以查询选修课程信息并登记注册,可以查询各门课程成绩信息;教师则通过系统查询选修课程信息和学生成绩信息;教学管理员管理选修课程信息及学生考试成绩;教务系统只接收各学院学生的成绩信息,不反馈信息;财务系统接收各学院学生的选课信息作为收费依据并反馈信息。

(6) 简述用例的规格说明,说明包含哪些内容。

第 5 章　静态建模

在面向对象的分析和设计方法中,静态建模用于描述系统的组织和结构,将系统中的对象,特别是业务对象,通过属性互相关联,并且这些关系不随时间而转移。静态建模在面向对象的分析和设计阶段都需要使用,主要使用的模型图有 4 种:类图、对象图、构件图和部署图。其中类图、对象图用于描述系统中涉及的实体类和对象,属于逻辑视图;构件图用于描述系统所涉及的功能部件,属于实现视图;部署图用于描述系统的物理实现方案,属于部署视图。

本章首先讨论了在面向对象中分析和设计是两个不能截然分离的阶段,静态建模贯穿了分析和设计阶段;然后重点介绍静态建模中的类和对象建模,以及相关联的接口、包、设计样式等概念;最后通过两个实际案例来示范静态建模的过程。关于构件图和部署图,根据开发的步骤,将在第 7 章"实现建模"中再作介绍。

❖ 学习目标

- 了解面向对象方法的分析和设计之间的关系
- 掌握 UML 中类图的描述方法
- 掌握类之间的关系
- 掌握 UML 中对象图的描述方法
- 掌握接口和包的描述方法

5.1　面向对象分析和设计的关系

在传统结构化方法特别是瀑布模型中,分析和设计是相互分开的两个阶段,开发时有着严格的先后顺序,不可回溯,并且分析产生的需求规格说明是设计阶段的基础。但在面向对象方法及其对应的开发模型中,对这两个阶段有着不同的理解和处理方式。

面向对象分析(OOA)强调直接针对要开发的系统、客观存在的各种事物建立分析模型。系统中有哪些值得考虑的事物,OOA 模型中就有哪些对象,即客观世界与面向对象存在着一一对应的映射关系。面向对象分析方法用属性描述事物的静态(状态)特性,用方法描述事物的动态行为,其核心思想是利用面向对象的概念和方法为软件分析建造模型,从而将用户需求逐步细化、完整、精确。

面向对象分析与面向对象设计(OOD)不可截然分开,静态建模既是 OOA 的部分也是 OOD 的部分。OAA 与 OOD 追求的目标不同但采用一致的概念、原则和表示法,它们之间不存在鸿沟,反而紧密衔接。OOD 是以 OOA 模型为基础,对 OOA 产生的结构增添实际计算机系统中所需的细节,如人机交互、任务管理和数据管理的细节。从 OOA 到 OOD 是一个模型扩充过程。OOD 可能包括两种情况:一是将 OOA 模型直接引入而不必转换,只作细节修正与补充;二是针对具体实现中的人机界面、数据存储、任务管理等运用面向对象的方法进行模型扩充。具体地说,OOD 分为 4 个部分:问题空间部分(Problem Domlain Component,PDC)的设计、人机交互部分(Human Interface Component,HIC)的设计、任务管理部分(Task Management Component,TMC)的设计、数据管理部分(Data Management Component,DMC)的设计。本章接下来讨论的类图和对象图属于数据管理部分分析和设计的主要内容。

5.2　类图

5.2.1　类图的定义和组成元素

类是任何面向对象系统中最重要的单位,它是一组具有相同属性、操作、关系和语义的对象的描述。一个类可以实现一个或多个接口。类可以用来捕获正在开发的系统中的词汇,可以是作为问题域一部分的抽象,也可以是构成实现的类。可以用类描述软件事物和硬件事物,甚至可以用类描述纯粹概念性的事物。结构良好的类具有清晰的边界,并形成了整个系统职责均衡分布的一部分。

类图(Class Diagram)是描述类、接口以及它们之间关系的图,用来定义系统中各个类的静态结构。类图通过系统中的类以及各个类之间的关系描述系统的静态视图。尽管类图与数据模型有相似之处,但是类图不仅显示了系统内信息的结构,也描述了系统内信息的行为。类图中的类可以直接在某些面向对象编程语言中被实现。

类图是面向对象系统建模中最常用的图之一,也是定义许多其他图的基础。

在 UML 中,类用一个矩形符号来表示,并被水平线划分为 3 个部分,如图 5-1(a)所示。其中,顶部存放类的名称,中部存放类的属性、属性的类型及初始值等,底部存放类的操作、操作的参数表和返回类型。对象是类的实例,一个类的所有对象的操作部分是相同的,所以对于对象,可以根据需要只描述前两个部分,如图 5-1(b)所示。UML 中,对象名和类名的不同之处在于,对象名要加下划线,并且对象名之后还可以标注构造这个对象的类的名称,中间用冒号隔开(注意,UML 语法灵活,定义类或者对象的时候,可以根据需要选择隐藏属性部分或操作部分,甚至将两者都隐藏。这样可以将建模的重点放在多个类或者对象之间的关系上,而不关注类或者对象的内部)。

类名

对象名：类名

(a) 类的表示符号　　(b) 对象的表示符号

图 5 - 1　UML 中类和对象的表示法

类在它的包含者内有唯一的名称,这个包含者可能是一个包(包的定义和相关内容请见 5.6 节)或另一个类。类对它的包含者来说是可见的,类的可见性说明它怎样被位于可见者之外的类所利用。类的多重性说明通常情况下可以有多个(零个或多个,没有明确限制)实例存在,但一个实例只能属于一个类。

5.2.2　类的名称

类的名称是每个类都必备的构成元素,用于同其他类相区分。类的名称应该来自系统的问题域,并且应该尽可能地明确,以免造成歧义。因此,类的名称应该是一个名词,且不应该有前缀或后缀。

类图中类的名称是一个字符串,可分为简单名和路径名。单独的名称即不包含冒号的字符串叫做简单名(Simple Name);用类所在的包的名称作为前缀的类名叫做路径名(Path Name)。如图 5 - 2 所示,左边的类使用了简单名,右边的类使用了路径名(类 Item 是属于 Business 包的)。

简单名　　　　　　　路径名

图 5 - 2　类名的表示法

类名可以是由任意数量的字母、数字和标点符号(特定符号除外,例如用于分隔类名和包名的双冒号)组成的文本,习惯上类名用首字母大写的英文单词表示,若类名是一个较长的名词短语,这时每个词的第一个字母都需要大写。实际上,类名往往是从正在建模的系统的词汇表中提取出来的简单名词或名词短语。

5.2.3　类的属性

类的属性是类的一个组成部分,也是一个特性,描述了类在软件系统中代表的事物(即对象)所具备的特性,这些特性是所有的对象共有的。属性的值是一种描述对象状态的方法。类可以有任意数量的属性,也可以没有属性。

在 UML 中,类的属性的语法为:

$$[可见性]属性名[多重性][:类型][=初始值][\{属性字符串\}]$$

其中,"[ ]"内的部分是可选的。

(1) 可见性:描述了该属性在哪些范围内可使用。在不同的 OOCASE 中可以由不同符号表示,表 5 - 1 列出了可见性说明以及它在 UML 和 Rational Rose 中的图注。

表 5-1　属性的可见性

可见性	说明	UML 图注	Rational Rose 图注
Public	表示其为公有成员,其他类可以访问(可见)	+	◇
Protected	表示其为保护成员,一般用于集成,只能被本类及派生类使用	♯	🔑
Private	表示其为私有成员,不能被其他类访问(不可见),可缺省。如果没有特别说明,属性默认是私有的	—	🔒

(2) 多重性:用多值表达式表示,格式为:低值..高值。

① 低值、高值为正整数,表示该类的实例对象的属性个数。

② 0..＊表示从 0 个到无限多个。

③ 1..1,可缺省,表示只有一个。

(3) 类型:属性的类型,如整型、实型等。

(4) 初始值:可作为创建该类的对象时属性的默认值。

(5) 属性字符串:用下划线标识,该类的所有对象之间共享该属性,与“＄”相同。

定义属性时,属性名和类名是必需的,其他部分都是可选的。

在实际应用中,属性名使用描述属性所在类的一些特性的简单名词或名词短语。通常要将属性名中除第一个词之外的每个词的首字母大写,例如 name 或 loadBearing。

可以通过声明属性的类以及属性可能的默认初始值来进一步地详述属性。

5.2.4　类的操作

操作也称为方法,是类的行为特征或动态特征。注意,“函数”是结构化方法中的术语,用在这里不太准确。类的操作是对类的对象所能做的事务的抽象,相当于一个服务的实现,且该服务可以由类的任何对象请求以影响其行为。属性是描述类的对象特性的值,操作用于操纵属性或执行其他动作,它们位于类的内部并且只能应用于该类的对象。一个类可以有任意数量的操作(零个或多个)。操作由返回类型、操作名以及参数表来描述。返回类型、操作名和参数表一起被称为操作签名(Signature of the Operation)。

在 UML 中,类操作的语法为:

可见性 操作名（[参数表]）:返回列表 [{特征描述}]

其中,“[]”内的部分是可选的。

(1) 可见性:描述了该操作可在哪些范围内使用。在不同的 OOCASE 中可以由不同符号表示,表 5-2 列出了操作的可见性说明以及它在 UML 和 Rational Rose 中的图注,与属性的可见性的情况基本是一致的。

表 5 - 2　操作的可见性

可见性	说明	UML 图注	Rational Rose 图注
Public	表示其为公有成员,其他类可以访问(可见)。大部分的操作都应该是共有的	＋	◈
Protected	表示其为保护成员,一般用于集成,只能被本类及派生类使用	♯	⬗
Private	表示其为私有成员,不能被其他类访问(不可见),可缺省	－	⬗

(2) 参数表:用逗号分隔的参数序列。

① 每个参数的语法为:参数名:类型[＝初值]。

② 当操作的调用者未提供参数时,该参数就使用默认值。

(3) 返回列表:回送调用对象消息的类型,格式为:返回类型或返回名＝类型,……

① 返回类型:向调用对象回送一个返回类型的值。

② 返回名＝类型,……:向调用对象回送多个返回类型的值。

(4) 特征描述:描述该操作的特征,通常不直接展示在类图中。包括:

① 前置条件:满足该条件(为真)时调用本操作。

② 后置条件:执行本操作后该条件为真。

③ 某算法指定执行该操作。

④ 用特征(操作名、回送型、参数表)来指定该操作。

定义操作时,操作名和返回类型是必需的,其他部分是可选的。

操作名是描述它所在类的一些行为的动词或动词短语。通常要将操作名除第一个词之外的每个词的首字母大写,如 move 或 isEmpty。

可以通过阐明操作的特征标记来详述操作,特征标记包含所有的名称、类型和默认值,如果是函数,还要包括返回类型。

5.2.5　类的分类

在系统分析阶段常常将类分为三种类型:实体类、边界类(也称界面类)、控制类。引入这三种类的概念有助于分析和设计人员识别和确定系统中的类的不同功能。这三种类与MVC(模型—视图—控制)架构模型相对应,是这种架构的具体体现。

1) 实体类

实体类是用于对必须存储的信息和相关行为建模的类,主要作为数据管理和业务逻辑处理层面上存在的类别。实体类的主要职责是存储和管理系统内部的信息,它也可以有很复杂的行为,但这些行为必须与它所代表的实体对象密切相关。实体对象通常是被动和永久性的。

通常可以从词汇表(在需求阶段制定)和业务领域模型(如果进行了业务建模,在业务建模阶段建立)中找寻到实体类。

2) 控制类

控制类用于对一个或几个用例所具有的事件流的控制行为进行建模,以控制一个用例中的事件顺序。控制类用于在系统中协调行为。系统可以在没有控制对象的情况下执行某些用例(仅使用实体对象和边界对象),尤其是那些只需对已存储信息进行简单处理的用例。控制对象(控制类的实例)通常控制其他对象,因此它们的行为具有协调性质。

较复杂的用例一般都需要一个或多个控制类来协调系统中其他对象的行为。

控制类有效地将边界对象与实体对象分开,让系统更能适应其边界内发生的变更。控制类还将用例所特有的行为与实体对象分开,使实体对象在用例和系统中具有更高的复用性。

3) 边界类

边界类是用于对系统外部环境与内部运作之间的交互进行建模,交互包括转换事件,以记录系统表示方式(例如接口)中的变更。边界类描述外部参与者与系统之间的交互,识别边界类,可以帮助开发人员识别出用户对界面的需求。

边界对象将系统与其外部环境的变更(与其他系统的接口的变更、用户需求的变更等)分隔开,使这些变更不会对系统的其他部分造成影响。

一个系统可能会有多种边界类,比如用户界面类、系统接口类、设备接口类等。这三种类在 Rational Rose 中有不同的符号表示,如表 5 - 3 所示。

表 5 - 3　三种类在 Rational Rose 中的符号表示

类型	Icon(图符型)	Label(标签型)
实体类	○	<<entity>>
控制类	○	<<control>>
边界类	⊢○	<<boundary>>

5.3　类之间的关系

类与类之间的关系主要有 4 种:关联、依赖、泛化和实现,只有定义和描述了类之间的关系,各个类才能构成一个整体、系统的模型。因此,准确地分析、定义类与类之间的关系,是静态建模的要点和难点。上述 4 种关系覆盖了大部分事物之间相互协作的重要方式,也能很好地映射到大多数面向对象编程语言所提供的连接对象的方式。

UML 对每种关系都提供了一种图形表示,这种表示法允许脱离具体的编程语言而对关系进行可视化,可用于强调关系的最重要的部分:关系名、关系所连接的事物和关系的特性。本节将进一步详细介绍关联、依赖和泛化关系在类图中的使用,而实现关系将在 5.5 节中详细介绍。

5.3.1 关联

关联是一种结构关系,它指明一个事物的对象与另一个事物的对象间的联系。给定一个连接两个类的关联,可以从一个类的对象联系到另一个类的对象。注意,关联的两端都连到同一个类是完全合法的,这种连接自身的关联叫做一元关联(Unary Association),表示从类的一个给定对象能连接到该类的其他对象。恰好连接两个类的关联叫做二元关联(Binary Association),这是最常见的情况。连接多于两个类的关联叫做 n 元关联,这种关联比较特殊,需要仔细定义。在图形上,把关联关系画成一条连接相同类或不同类的实线,如图 5-3 所示。

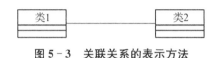

图 5-3　关联关系的表示方法

❖ **案例学习**

◎ 图 5-4 给出了一个二元关联和一个一元关联的关联示例,表示关联关系可以连接两个类,也可以连接到自身。关联描述了给定类的单独对象之间的语义上的连接,提供了不同类的对象可以相互作用的连接。其余的关系连接是对类元自身的描述,而不是对它们的实例。

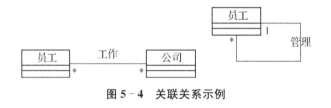

图 5-4　关联关系示例

除了这种基本形式外,还有 3 种常常应用于关联的修饰。

(1) 名称(Name)

关联可以有一个名称,通常为动词或动宾词组,用来描述该关系的性质。为了消除名称的歧义,可用带实心箭头的实线进行连接,给名称一个方向,如图 5-5 所示。

图 5-5　关联的名称示例

虽然关联可以有名称,但在明确给出关联的端点名的情况下通常不需要给出关联名称。若有多个关联连接同一个类,有必要使用关联名或关联端点名来区分它们。若一个关联有多于一个端点是在同一个类上,有必要使用关联端点名来区分端点。若两个类之间只有一个关联,一些建模者就会省去关联名,但为了使关联的用意清晰最好使用关联名。

(2) 角色(Role)

当一个类参与了一个关联关系时,它就在这个关系中扮演了一个特定的角色。角色是关联中靠近它的一端对另一端的类呈现的面孔。可以显式地命名一个类在关联关系中所扮演的角色。把关联端点扮演的角色名称作为端点名（在 UML 中称为角色名）。在图 5-6 中，扮演雇员角色的类"员工"与扮演雇主角色的类"公司"相关联。

图 5-6　关联的角色示例

同一个类可以在不同关联关系中扮演相同或不同的角色。可以把属性看作类拥有的单向关联。属性名对应类的关联远端的名称。

（3）多重性（Multiplicity）

关联表示了对象间的结构关系。在很多建模问题中，说明一个关联的实例中有多少个相互连接的对象很重要。这个"多少"被称为关联角色的多重性，它表示一个整数的范围，指明一组相关对象的可能个数。多重性是一个表示取值范围的表达式，其最大值和最小值可以相同，用两个圆点把它们分开。声明关联的多重性说明：对于关联另一端的类的每个对象，本端的类可能有多少个对象出现。对象数目必须是在给定的范围内。可以精确地表示多重性为：一个（1）、零个或一个（0..1）、多个（0..＊）、一个或多个（1..＊）。可以给出一个整数范围（如 2..5），也可以精确地指定为一个数值（如 3 与 3..3 等价）。

如图 5-7 所示，每个"公司"对象可以雇佣一个或多个"员工"对象（多重性为 1..＊）；每个"员工"对象受雇于 0 个或多个"公司"对象（多重性为 ＊，等价于 0..＊）。

图 5-7　关联的多重性示例

聚集（Aggregation）是关联的特例。如果类与类之间的关系具有整体和局部的特点，则把这样的关联称为聚集。在聚集关系中，成员类是整体类的一部分，即成员对象是整体对象的一部分，但是成员对象可以脱离整体对象而独立存在。如电脑包括键盘、显示器，一台电脑可以和多个键盘、多个显示器搭配，而键盘、显示器可以和主机分开，主机可以选择其他的键盘、显示器组成电脑。从严格语义来看，聚集关系暗示着类图中不存在回路，即单向关系，而关联关系是双向的。聚集可以进一步分成共享聚集（Shared Aggregation）和组合聚集（Composition aggregation）。

（1）共享聚集

对整体-部分关系建模，其中一个类描述了一个较大的事物（整体），它由较小的事物（部分）组成，并且部分对象可以是任意整体对象的一部分，表示关系较弱的情况。它描述了"has a"关系，即将整体对象拥有部分对象表示成在整体对象的一端用一个空心菱形修饰的简单关联关系。如图 5-8 所示，多种零件聚集成车，而零件的设计可用于多种不同的车上。

图 5-8　共享聚集关系示例

这种简单形式的聚集的含义完全是概念性的。空心菱形只是把整体和部分区别开，这意味着共享聚集没有改变整体与部分之间整个关联的导航含义，也与整体和部分的生命周期无关。

（2）组合聚集

组合聚集是一种强形式的聚集，整体对象不仅拥有它的部分对象，并具有强的物主身份，表示"contains a"的关系，即将部分对象不能脱离整体对象存在表示成在整体对象的一端用一个实心菱形修饰的简单关联关系。如图 5 - 9 所示，在一个具体的公司和部门的整体-部分关系中，如果系统中定义的"公司"没有了，那公司所包含的"部门"也将不存在。

图 5 - 9　组合聚集关系示例

组合聚集中，成员对象的生命周期取决于聚集对象的生命周期，聚集不仅控制着成员对象的行为，并且控制了成员对象的创建和析构。

5.3.2　依赖

依赖是一种使用关系。特定事物的改变有可能会影响到使用该事物的其他事物，在需要表示一个事物使用另一个事物时使用依赖关系。例如 A 类的变化引起了 B 类的变化，则说明 B 类依赖于 A 类。大多数情况下，依赖关系体现在某个类的方法使用另一个类的对象作为参数。

依赖关系说明一个事物使用另一个事物的信息和服务，反之则未必。在图形上，把依赖关系画成一条带有实心箭头的虚线，箭头指向被依赖的事物，如图 5 - 10 所示。在大多数情况下，在类与类之间用依赖关系指明一个类使用另一个类的操作，或者使用其他类所定义的变量和参量。如果被使用的类发生变化，那么另一个类的操作也会受到影响，因为被使用的类此时可能表现出不同的接口或行为。在 UML 中，可以在很多事物之间创建依赖关系，特别是注解和包。

图 5 - 10　依赖关系的表示方法

❖ 案例学习

◎ 图 5 - 11 的依赖关系示例中，课程表依赖课程，因为"课程表"类使用"课程"类作为其操作的参数类型。这意味着如果课程发生变化，则会影响到课程表。在执行操作时，"课程表"类的对象与"课程"类的对象建立联系。

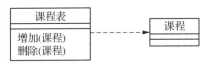

图 5 - 11　依赖关系示例

依赖关系将行为或实现与对其他类有影响的类联系起来。依赖关系有很多种,除了实现关系以外,还有跟踪关系(不同模型的元素之间的一种松散连接)、精化关系(两个不同层次意义之间的一种映射)、使用关系(在一个模型中需要另一个元素的存在)、绑定关系(为模板参数指定值)等。依赖关系经常用来表示具体实现间的关系,如代码层的实现关系。在概括模型的组织单元,例如包时,依赖很有用,它能够显示系统的架构。此外,编译方面的约束也可通过依赖来表示。

依赖关系有如下三种情况:

(1) A 类是 B 类中的(某种方法的)局部变量。

(2) A 类是 B 类的方法中的一个参数。

(3) A 类向 B 类发送消息,从而使 B 类发生变化。

依赖可以带一个名称,但很少使用,除非模型中有很多依赖,并且要引用它们或作出区分。在一般情况下,用衍型区别依赖的不同含义。

5.3.3　泛化(继承)

泛化是一般事物(称为父类)和该事物的较为特殊的种类(称为子类)之间的关系。有时也称泛化为"is a kind of"关系:一个事物是更一般的事物的"一个种类"。父类又称为基类或超类,子类又称为派生类。例如 A 是 B 和 C 的父类,B、C 具有公共类(父类)A,说明 A 是 B、C 的一般化(概括,也称泛化)。

泛化关系有利于类元的描述,可以增量式地向类元添加声明,每个添加的声明都扩充了从其父类继承来的描述。继承机制利用泛化构造了完整的类元描述,泛化和继承允许不同的类元共享属性、操作以及它们共有的关系,而不用重复说明。泛化意味着子类的对象可以被用在父类的对象可能出现的任何地方,反之则不然。换句话说,泛化意味着子类可以替换父类的声明。通常子类除了具有父类的属性和操作外,还可具有更多的属性和操作。与用例图相同,类图中也把泛化关系表示成一条带有空心箭头的实线,箭头从子类指向父类,如图 5 - 12 所示。

图 5 - 12　泛化关系的表示方法

❖ **案例学习**

◎ 图 5 - 13 的泛化关系示例中,"卡车"类和"轿车"类的父类是"汽车"类,"汽车"类和

"火车"类的父类是"车辆"类,"轮船"类、"车辆"类、"飞机"类的父类是"运输工具"类,由此可以看出泛化关系的传递性。

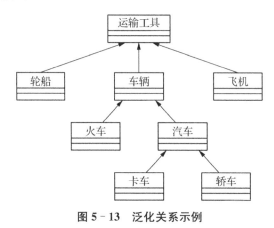

图 5-13　泛化关系示例

一个类可以有 0 个、1 个或多个父类。没有父类并且最少有一个子类的类称为根类或基类;没有子类的类称为叶子类。如果一个类只有一个父类,则说它使用了单继承关系;如果一个类有多个父类,则说它使用了多继承关系(注意,在有些程序设计语言中不允许多继承关系的存在)。

在大多数情况下,用类或接口之间的泛化来表明继承关系。在 UML 中,可以在其他类目之间创建泛化,比如结点之间。

在 UML 中,对泛化关系有三个要求:

(1) 子类与父类应该完全一致,对于父类所具有的属性、操作,子类应该都有。

(2) 子类中除了与父类一致的信息以外,还包括额外的信息。

(3) 可以使用父类的实例的地方,也可以使用子类的实例。

5.4　对象图

对象是类的一个具体实例,对象图(Object Diagram)常被认为是类图的一个具体实例。注意,类只是一个抽象的概念,而对象是具体的,并且随着系统的动态行为不断变化。因此,对象图反映的只能是具体某一个时间点上一组对象的状态和它们之间的关系。

在 UML 中,用类图描述系统的静态结构和关系,用交互图等描述系统的动态特性。在跟踪系统的交互过程时,往往会涉及系统交互过程的某一瞬间交互对象的状态,用例图和类图都不能对此进行描述,于是在 UML 里用对象图描述参与一个交互的各对象在交互过程中某一时刻的状态,表达交互的静态关系。它由协作的对象组成,但不包含对象之间传递的任何消息。

对象图包含一组类图中的事物的实例。在一个复杂的系统中,出错时所涉及的对象可能会处于一个具有众多类的关系网中,这样的情况可能很复杂,如果为出错时刻系统各对象的状态建立对象图,将大大方便分析错误、解决问题。

对于一个复杂的数据结构,只看一个对象在某一时刻的状态下不会得到多少帮助,这时需要研究对象、对象的邻居以及它们之间的关系的快照。每个对象与其他对象之间的关系是确定的,事实上,当一个面向对象系统垮掉时,可能并不是由于逻辑上的错误,而是对象之间的连接有毛病或者个体对象中的状态被搞错。

5.4.1　对象图的定义和组成元素

在 UML 中,对象图是表示某一时刻一组对象以及它们之间关系的图。对象图可以被看作类图在系统中某一时刻的实例。在图形上,对象图由节点以及连接这些节点的连线组成,节点可以是对象也可以是类,连线表示对象间的关系,如图 5-14 所示。

图 5-14　对象图示例

对象图除了描述对象以及对象间的连接关系外,还可包含注解和约束。如果有必要强调与对象相关类的定义,还可以把类描绘到对象图上。当系统的交互情况非常复杂时,对象图还可包含模型包和子系统。

对象图是一组特殊的图,描述了静态的数据结构,具有所有其他图共同的特性,即都有名称和投影到一个模型上的图形内容。

对象图一般包括:对象和链(关系)。

5.4.2　对象图与类图的联系和区别

与使用类图一样,可以使用对象图对系统的静态设计视图或静态交互视图建模,但是对象图着眼于现实或原型化的实例。对象图主要支持系统的功能需求,即系统应该提供给最终用户的服务。对象图可以对静态数据结构建模。表 5-4 对类图和对象图进行了比较。

表 5-4　类图和对象图的比较

类图	对象图
类具有三个分栏:名称、属性和操作	对象要定义的分栏有两个:名称和属性。操作与类完全一样
在类的名称分栏中只有类名(可带路径名)。类名用英文表示时通常首字母大写	对象名的形式为"对象名:类名",匿名对象名的形式为":类名"。对象名用英文表示时首字母小写。需要与类名区分时,对象名加下划线
类的属性分栏定义了所有属性的特征	对象必须定义属性的当前值,以便用于测试用例或例子中
类使用关联连接,关联使用名称、角色、多重性及约束等特征定义。必须说明可参与关联的对象数目	对象使用链连接,链拥有名称、角色,但是没有多重性。对象代表单独的实体,所有的链都是一对一的

5.4.3　对象图建模

对象图主要用来描述类的实例在特定时刻的状态。它可以是类的实例也可以是交互图的静态部分。对于复杂的数据结构,对象图非常有用。

对于构件图和部署图来说,UML 可以直接对它们建模。构件图和部署图上可以包含部件或节点的实例。如果这两种图上只包含实例而不含任何消息,那么也可以把它们看成特殊的对象图。

对象图的建模过程如下:

(1)确定参与交互的各对象的类,可以参照相应的类图和交互图。

(2)确定类和类间的关系,如依赖、泛化、关联和实现。

(3)针对交互过程中在某特定时刻各对象的状态,使用对象图为这些对象建模。

(4)系统分析人员根据建模的目标,绘制对象的关键状态和关键对象之间的连接关系。

❖ 案例学习

◎ 图 5-15 显示了针对某公司一组对象的建模。该图描述了该公司的部门分组情况。c 是 Company 类的对象,这个对象与 d1、d2、d3 连接,d1、d2、d3、d4 都是 Department 类的对象,它们具有不同的属性值,即有不同的名字。d1 和 d4 连接,d4 是 d1 的一个实例。

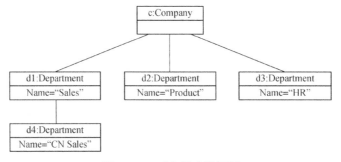

图 5-15 对象图建模示例

5.5 接口

在 UML 中,用接口(Interface)对系统中的接缝建模。通过声明一个接口,可以陈述抽象方法所要得到的行为而无需关注具体实现细节。客户在实现接口时,只需要满足接口所指定的职责和合约即可。

包括 Java 和 CORBA IDL 在内的很多编程语言都支持接口概念。接口不仅对分离类或构件的规约和实现是重要的,当系统较大时,还可以用接口详述包或子系统的外部视图。

5.5.1 接口的概述和表示方法

接口是一组操作的集合,是在没有给出对象的实现和状态的情况下对对象行为的描述。接口包含操作但是不包含属性,且没有对外界可见的关联。一个类可实现一个或多个接口,一个或多个类也可使用一个或多个接口。

在 UML 中,接口有两种表示方法:标签型和图符型,如图 5-16 所示。图中左侧的表示方法中,在最下面的那栏写操作,在中间那栏写诸如接口的版本和建立日期之类的少量内容,不包含与操作直接相关的属性;右侧的表示方法是接口的简写形式,用一个带有名称的小圆圈表示。

图 5 - 16　接口的两种表示方法

尽管可以把抽象类作为接口,但严格地讲,两者是有区别的,是不相同的建模元素。抽象类可以含有属性和一些非抽象的操作,而接口没有属性,且它不为其内部的操作提供实现方法。

5.5.2　接口的名称

每个接口都必须有一个有别于其他接口的名称。接口的名称是一个文本字符串。单独的一个名称称为简单名,路径名是以接口所在的包的名称为前缀的接口名。绘制接口时可以仅显示接口的名称。

接口名可以由任意数量的字母、数字和某些标点符号(像冒号那样的符号除外,它用于分隔接口名和接口所在包的包名)组成。在实际应用中,接口名是从所建模的系统词汇中提取的名词或名词短语。

5.5.3　接口的操作

接口是一组已命名的操作,这组操作用于描述类或构件的一个服务。接口不同于类的是,它不描述任何具体实现(因此不包含任何实现操作的方法)。但接口可以定义一些抽象的操作。这些操作可以用可见性、并发性、衍型、标记值和约束来修饰。

在声明一个接口时,把接口表示成衍型化的类,并在合适的分栏列出它的操作。可以仅显示出操作的名称,也可以显示出操作的全部特征标记和其他特性。

5.5.4　接口的关系

和类一样,接口可以参与泛化、关联和依赖关系。此外,接口还可以参与实现关系。实现关系在类图中就是指接口和类的关系,一般指一个类实现了一个接口定义的方法。实现是两个类之间的语义关系,其中一个类描述了另外一个类保证实现的合约。

接口详述了类(或构件)的合约而不指定其实现。一个类(或构件)可以实现多个接口。按照这种方式,类(或构件)负责如实地实现所有这些合约,这意味着它们提供了一组方法,以便能够正确地实现定义在接口中的那些操作。它承诺提供的一组服务是它的供接口(Provided Interface)。类似地,一个类(或构件)可以依赖很多接口。按照这种方式,它期望这些合约由一些实现它们的构件集所遵守。一个类所需要的来自其他类的服务集合是它的需接口(Required Interface)。这就是说接口表示了系统接缝的原因。接口描述了合约,而合约每一边的客户和供给者都可以独立地变化,只要能履行各自的合约责任即可。

UML 中接口和类的实现关系有两种表示方法，一种是在类图中使用带空心箭头的虚线表示，箭头从实现类指向接口；另一种是用圆圈表示接口，用一条实线将其与一个类连接，表示接口和实现类的关系，图 5 - 17 和图 5 - 18 分别给出了两种实现关系的表示示例。

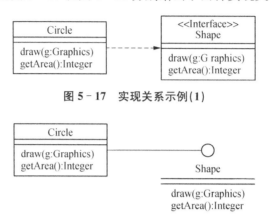

图 5 - 17　实现关系示例(1)

图 5 - 18　实现关系示例(2)

实现关系与关联、依赖、泛化关系都不同，实现关系是依赖关系和泛化关系在语义上的一些交叉，其表示法是依赖和泛化表示法的结合。在接口和协作语境中都要用到实现关系。

5.5.5　理解接口

在处理一个接口时，首先看到的是一组操作，该组操作描述了类(或构件)的服务。更深些，会看到这些操作的全部特征标记，连同它们的各项具体特性，如可见性、范围和并发语义等。这些特性是重要的，但是对于复杂接口来讲，这些特性还不足以帮助理解所描述的服务的语义，对如何正确地使用这些操作更是知之甚少。在缺少任何其他信息的情况下，必须深入到一些实现接口的对象，以领会每个操作做什么以及这些操作如何协同工作。

在 UML 中，为了使接口易于理解和处理，可以为接口提供更多的信息。首先，可以为各个操作附上前置和后置条件，为整个类或构件附上不变式。这样需要使用接口的客户就能理解接口做什么以及如何使用它，而不必深究其实现。若要求严格，可使用 UML 的 OCL 形式化地描述其语义。其次，给接口附上一个状态机。用状态机详述接口操作的合法局部命令。最后，可以为接口附上协作。通过一系列的交互图，用协作详述接口的预期行为。

5.6　包

当系统复杂度增加时，有必要把类、接口、构件、结点、图等元素有序地组织起来，以更清晰地表达系统的层次关系。UML 中的包(Package)提供了建模元素的分组机制。

用包可把建模元素安排成可作为一个组来处理的较大组块，可以控制这些元素的可见性，使一些元素在包外是可见的，而另一些元素则隐藏在包内。也可以用包表示系统体系结构的不同视图。

设计良好的包把一些在语义上接近并倾向于一起变化的元素组织在一起。因此包是高内聚低耦合的,而且对其内容的访问具有严密的控制。

5.6.1　包的定义和表示方法

在 UML 中,把组织模型的组块称为包。包是用来把元素组织成组的通用机制,有助于组织模型中的元素,使得更容易理解它们。包允许控制对包的内容的访问,从而控制系统体系结构中的接缝。

包是 UML 的模型元素之一,可以包含其他包和类。包和包之间可以有各种关联关系,如依赖等。包是一种分组机制,它把一些模型元素组织成语义上相关的组,包中拥有或涉及的所有模型元素叫做包的内容。作为模型组织的分组机制,包的实例是没有意义的。因此包仅在建模时有用,而不需要转换成可执行的系统。一个包可以拥有若干模型元素。

UML 中对包预定义的构造型有许多,以下列举部分。

(1)≪system≫:系统模型。

(2)≪subsystem≫:子系统模型。

(3)≪facade≫:其他包的某一个视图,如业务模型中有关产品的信息。

(4)≪stub≫:另一个包中公共内容的服务代理(存根)。

(5)≪framework≫:模型的体系结构。

例如,在软件项目的开发过程中,为了加快开发速度,一个大型软件项目可能被分成几块由几个小组在不同的地点分头同时进行开发,为了保证各小组工作的协调开展,可以用≪stub≫进行系统的开发管理。每个小组各自用≪stub≫定义一个包,这个包有两个基本功能:

(1)规定了系统之间的接口,便于各小组独立开展工作。

(2)用来表示该小组当前工作的成果,供其他小组参考。

UML 提供了包的图形表示法,把包画成带标签的文件夹,将包的名称放在文件夹中(如果没有在文件夹展示它的内容)或放在标签上(如果在文件夹里展示它的内容),如图 5 - 19 所示。这种表示法允许对那些能够作为一个整体进行操作的成组的元素进行可视化,并在某种程度上控制个体元素的可见性以及对它们的访问。

图 5 - 19　UML 中包的表示法

5.6.2　包的名称

每个包都必须有一个有别于其他包的名称。包的名称是一个文本字符串。单独的名称叫做简单名;限定名是以包所处的外围包的名称作为前缀,用双冒号(∷)分隔包名,也称路径名,如图 5 - 20 所示。

包名可以由任意数量的字母、数字和某些标点符号(有些符号除外,例如用于分隔包名和该包的外围包名的冒号)组成,并且可以延续几行。在实际使用中,包名来自模型词汇表中的名词或名词短语。

简单名   路径名

图 5 - 20   包名的表示法

5.6.3   包的元素

一个包可以"拥有"其他元素,这些元素可以是类、接口、构件、结点、协作、用例和图,也可以是其他包。这种"拥有"就是一种组成关系,意味着元素被声明在包中。如果包被撤销了,则元素也要被撤销。一个元素只能被一个包所拥有。包拥有在其内声明的模型元素,可以是类、关联、泛化、依赖和注解等。包不拥有那些仅仅在包内引用的元素。

包形成了一个命名空间,这意味着在一个包的语境中同一种元素的名称必须是唯一的。不同种类的元素可以有相同的名称。如果可能的话,最好在不同的包中避免用重复的名称,以避免造成混乱。

在一个包中允许不同种类的元素有相同的名称。然而,在实际开发中,为避免不必要的混乱,最好不要这样做,而是对一个包中的各种元素都唯一地命名。

拥有关系的语义使包成为一种按规模来处理问题的重要机制。没有包,最后将得到一个庞大的、平铺的模型,其中的所有元素的名称都要唯一,这种情况很难管理。特别是在采用了由多个工作组开发的类和其他元素时,问题就更严重。包有助于控制那些组成系统而又以不同的速度随时间演化的元素。

UML 假定在模型中有一个匿名的根包,其结果是,要求位于模型顶层的每一种元素都必须被唯一地命名。

5.6.4   包的嵌套

包之间可以有关系,如继承关系、依赖关系等。如果包中又含有包,称为包的嵌套。UML 允许包的嵌套。包的嵌套有两种表示方法:内嵌式表示法和树形层次结构表示法。在实际使用中,最好避免过深地嵌套包,两、三层的嵌套差不多是可管理的极限。

❖ **案例学习**

◎ 图 5 - 21 是一个包嵌套的内嵌式表示法的例子。从图中可以看出,"进销存"包是"企业综合系统"包中的一个子系统,这个子系统下还有 4 个内嵌套的子包:"原材料购进管理"子包、"原材料存储管理"子包、"产成品存储管理"子包和"销售管理"子包。从图中还可以看出,这 4 个内嵌套的子包之间有两个依赖关系:"原材料存储管理"子包依赖于"原材料购进管理"子包;"销售管理"子包依赖于"产成品存储管理"子包。

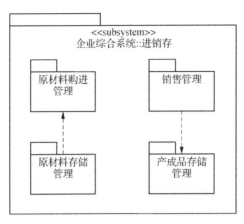

图 5‑21　包嵌套的内嵌式表示法

◎ 可以将如图 5‑21 所示的模型表示成树形层次结构,这样包含关系更为直观,如图 5‑22 所示,但这样做后包之间的依赖关系就很难清楚地表示出来。

图 5‑22　包嵌套的树形层次结构表示法

5.6.5　包之间的关系

包之间可以有依赖和泛化关系,其实质就是两个或多个包的内部所定义的模型元素之间的关系。

(1) 依赖:如果两个包中的类之间有依赖关系,则两个包有依赖关系。在包图中依赖关系会产生耦合,因此应该尽量将包之间的依赖关系减到最低程度,并避免循环依赖的产生。

(2) 泛化:包之间的泛化关系说明了包的家族并描述了系统的接口。应尽量把概念和语义上相互接近的元素包含在同一包内。

5.7　案例分析

对象类建模的主要步骤是:

(1) 确定系统对象及构造这些对象的类。

(2) 定义类之间的关系。

（3）建立类图。

（4）如果静态建模中的元素较多较复杂，可以使用包来进一步分层组织。

在本节中我们继续选取第 4 章中的两个案例作为实验指导的案例，在完成用例建模分析的基础上，对系统进行对象类建模，建立静态结构模型。

5.7.1 案例一 电子投票系统的的静态建模

1）确定系统对象及对象类

电子投票系统包括以下类：

① 票。

② 职位。

③ 候选人。

④ 投票者。

⑤ 投票信息。

⑥ 管理员。

⑦ 投票结果。

⑧ 监督员。

2）定义类之间的关系

（1）"选票"类与"职位"类、"投票者"类和"候选人"类之间都是一对一的关联关系。在实际操作中，一次电子投票可能涉及一个或多个职位的竞选，每个职位的竞选涉及多个候选人。在一个具体职位的竞选时，投票人能看到该职位的名称以及相应的候选人（每个职位的候选人不超过 5 个），但投票者只能为该职业选中一个候选人，即一次投票表示着一个投票者为一个职位上的一位候选人投了票，该投票者、该职位和该候选人为该次投票的属性。

（2）"投票者"类和"投票信息"类之间是一对一的关系，即每个投票者都会保存此次投票活动的投票信息。

（3）"管理员"类、"投票信息"类及"投票结果"类之间的关系为一对多关系，"管理员"类与"投票"类间为共享聚集关系。即根据"投票"类，管理员生成多个投票信息和投票结果。

（4）"监督员"类和"投票结果"类之间为一对多关系，即一个监督员负责审核多个投票结果。

3）建立类图

按照以上分析，构造类图如图 5－23 所示（在 Rational Rose 中建模）。

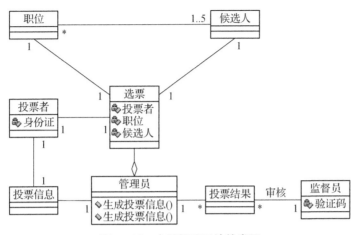

图5-23 电子投票系统的类图

5.7.2 案例二 某高校艺术类招生考试管理系统的静态建模

普通高等院校的招生工作是由教育部网上录取系统统一进行的。但一些特殊类别的考生录取,例如艺术类、体育类考生等,高校需要在进行专业课考试和文化课考试之后自主录取。

1) 确定系统对象和业务类

这里主要分析高校艺术类招生考试管理系统中涉及的业务类,并把这些业务类及关系画在两个类图中:专业考试处理相关业务类的类图和考生录取处理相关业务类的类图。

(1) 专业考试处理相关业务类的类图中包括以下类:

① 考生。

② 专业考试类别。

③ 专业方向。

④ 考点。

⑤ 专业总分。

⑥ 专业分数。

⑦ 专业考试科目。

(2) 考生录取处理相关业务类的类图中包括以下类:

① 考生。

② 志愿。

③ 专业方向。

④ 文化考试类别。

⑤ 文化考试科目。

⑥ 专业总分。

⑦ 文化总分。

⑧ 文化分数。

⑨ 综合分。

2）定义类之间的关系

（1）专业考试处理相关的业务类之间的关系

① "考生"类与"考点"、"专业考试类别"、"专业总分"类之间都是一对一的关联关系。但是在实际操作中，考生可以在不同考点参加多次考试，也可以同时报考两个以上的考试类别。对于这样的情况，系统将同一个人在多个考点考试或者一个人报考多个专业考试类别视为不同考生，发给不同的准考证，因此在"考生"类中，特征值是准考证号（注意，同一个考生如果在不同考点考同一专业类别均获得合格证，则只能发放一次。如果在不同专业类别均获得合格证，则发放不同类别的合格证。这就需要做合格证的检验，这里暂时不作讨论）。

② "专业考试类别"类和"专业方向"类之间是一对多关系，这是由于同一个考试类别往往对应多个专业方向。例如，美术类包含美术教育、美术设计和时装设计三个方向。"专业考试类别"类和"专业考试课目"类之间为多对多关系，这是因为一个专业考试类别需要考核多个专业考试课目，而同一个专业课目也可能在多个考试类别中被考核。这几个类的特征值都是编号。

③ "专业分数"类和"专业考试课目"类之间为一对一关系。"专业分数"类的属性中，"考试状态"是指是否缺考，"原始分"是指专家初始评分，由信息录入员录入。核对分是对录入的分数重新核对给出的，如果核对分和原始分不符，则再次核对后以校准分为准；如果相符，则校准分等于原始分。

④ "专业总分"类和"专业分数"类之间为一对多关系，因为专业总分是由考生所考的各门专业课分数相加得到的。

（2）考生录取处理相关业务类之间的关系

① "考生"类与"专业总分"、"文化总分"、"文化考试类别"类均为一对一关系，与"志愿"类为一对多关系。这是因为，"志愿"类与"专业方向"类是一对一的关系。一个考生在报考的时候，只可以选择一个专业类别（无论他获得了几个专业类别的专业考试合格证），但可以在该专业类别的多个专业方向中选择一个或多个作为自己的志愿。

② 与专业考试类似，"文化考试类别"类和"文化考试科目"类是一对多关系，一个类别的考生要参加对应的多门文化课程的考试。每门考试对应一个分数，所以"文化考试科目"类与"文化分数"类是一对一关系。考生所考各门课程的文化分数之和为文化总分，所以"文化总分"类与"文化分数"类是一对多关系。注意，"文化总分"类的属性中有一个"文化总分当量"，这是由于不同省份或者不同文化考试类别的考生，其文化总分的满分不同，这给后续的综合分计算带来不便。为了使得有相同的比较平台，所以需要一个算法将文化总分换算成满分相同的文化总分当量。

综合分是文化总分和专业总分根据一定算法计算出来的，不同的专业方向，计算综合分时采用算法不同，因此"文化总分"类、"专业总分"类和"综合分"类之间均为一对多关系，而"综合分"类和"专业方向"类之间为一对一关系。

3) 建立类图

根据以上分析,构造两个类图如图 5-24、图 5-25 所示(在 Rational Rose 中建模):

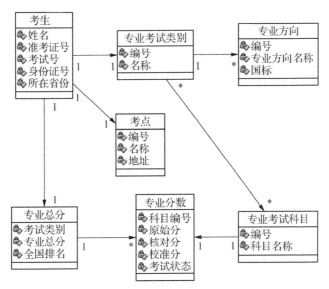

图 5-24　专业考试处理相关业务类的类图

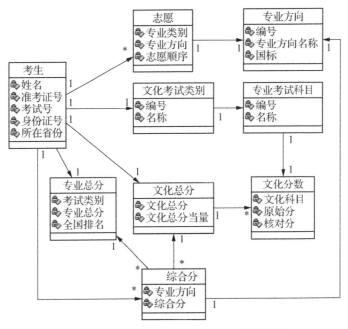

图 5-25　考试录取处理相关业务类的类图

以上两个类图主要关注了系统功能所需要的业务类及其相互之间的关系。注意,面向对象的分析和设计是一个反复迭代的过程,读者可进一步地分析和设计来进行完善,并添加其他的控制类及界面类。

5.8　本章小结

在本章中,首先讨论了面向对象方法中分析和设计这两个阶段之间的关系。与结构化方法不同的是,面向对象中方法的分析和设计常常是迭代进行的,因此两个阶段之间的界限并不固定,例如本章所讲述的静态建模和下一章讨论的动态建模在分析和设计两个阶段都有使用。

类是任何面向对象系统中最重要的单位,它是一组具有相同属性、操作、关系和语义的对象的描述。类图是描述类、接口以及它们之间关系的图,用来定义系统中各个类的静态结构。类图能通过系统中的类以及各个类之间的关系描述系统的静态视图,其作用类似于结构化方法中的实体-联系图。类与类之间的关系主要有关联、依赖、泛化和实现等,准确地分析、定义类与类之间的关系,是静态建模的要点和难点。

对象是类的一个具体实例,而对象图常被认为是类图的一个具体实例,它反映的只能是具体某一个时间点上一组对象的状态和它们之间的关系。

接口是一组操作的集合,是在没有给出对象的实现和状态的情况下对对象行为的描述。接口包含操作但是不包含属性,且没有对外界可见的关联。一个类可实现一个或多个接口,一个或多个类也可使用一个或多个接口。

UML 中的包提供了建模元素的分组机制。这些元素可以是类、接口、构件、结点、协作、用例和图,也可以是其他包。包之间可以有依赖和泛化关系,包之间的关系实质上就是包的内部所定义的模型元素之间的关系。

5.9　思考与练习

(1) 简单叙述静态建模的步骤及其在面向对象分析和设计中的角色。

(2) "类的属性描述了类的性质"这种说法对吗?

(3) 类的属性描述有哪些成分?

(4) "类的操作描述了对象和类的功能"这种说法对吗?

(5) 类的操作描述有哪些成分?

(6) 试说明一个完整的类图所包括的内容。

(7) 在 UML 中,类之间可以有哪些关系? 举例说明。

(8) 接口的定义和用途是什么? 在 Rational Rose 中如何表示接口?

(9) 用包的层次结构来表示系统描述的好处是什么?

第6章 动态建模

在面向对象系统分析与设计中,动态建模用来描述系统的动态行为。动态行为描述了对象通过通信进行协作的行为以及对象在系统运行期间不同时刻的动态交互。

UML 中支持动态建模的图主要包括时序图、协作图、状态图和活动图,其中时序图和协作图常被统称为交互图,它们都用来描述一组对象如何合作完成某个行为,两者在语法和语义上有近似之处,但具体关注的角度不同:状态图着重表现一个对象所经历的状态序列、引起状态转移的事件以及因状态转移而引起的动作;活动图则用于描述工作流和并发的处理行为,往往涉及多个对象,活动图还常常可被用来描述用例。

❖ 学习目标

- 掌握系统中传递的消息类型及其表示方法
- 掌握 UML 中时序图的描述方法
- 掌握 UML 中协作图的描述方法
- 理解时序图和协作图的区别
- 了解系统中工作流程和对象状态变化的描述方式
- 了解引起对象状态转移的事件的描述方法
- 掌握 UML 中状态图的描述方法
- 掌握 UML 中活动图的描述方法
- 掌握用状态图和活动图进行动态建模的方法和步骤

6.1 消息

在面向对象方法中,对象间的动态交互是通过对象间消息的传递来完成的。在 UML 的 4 个动态模型图中均用到消息这个概念,它是动态建模中最重要的元素。

6.1.1 消息的定义

当一个对象调用另一个对象中的操作时,即完成了一次消息传递。当操作执行后,控制便返回到调用者。对象通过相互间的通信(消息传递)进行协作,并在其生命周期中根据通信的结果不断改变自身的状态。消息一般是被调用对象的操作,其基本格式和在类中定义的方法一致,但在消息传递的过程中,通常还会增添调用的顺序、条件、重复次数等。

1) 消息格式

〔序号〕〔警戒条件〕＊〔重复次数〕〔回送值表：＝〕操作名（参数表）

2) 使用规则

(1)〔序号〕:表示消息在对象间交互的时间顺序号。

① 一般用正整数 1、2、3…表示。

② 嵌套消息用 1.1、1.2、2.1、2.2…表示。

③ 序号在协作图中必不可少。

④ 序号在时序图中常常可以省略。

(2)〔警戒条件〕:可选项,为布尔表达式。

① 满足警戒条件的时候才能发送消息。

② 缺省时,表示消息无条件发送。

(3) ＊〔重复次数〕:可选项,表示消息重复发送的次数。

① 只有"＊",无"〔重复次数〕",表示消息多次发送,次数未定。

② 缺省时,表示消息只发送一次。

(4)〔回送值表：＝〕:回送值表是以","区分的名字表列,分别表示完成指定操作后返回的系列值,可缺省。

(5) 操作名必须是接收该消息的对象类角色的操作名。

(6) ()内的参数表是以","区分的实参表,传递给接收消息的对象中的某个操作,实参的个数、次序、类型必须与该操作的实参一致。

6.1.2 消息的类型

在 UML 中,消息可以从两个角度来分类,一是从消息触发的动作来划分;二是从消息的过程控制流来划分。

(1) 通过发送消息可能触发的动作有:

① 创建一个对象。

② 释放一个对象。

③ 调用另一个对象的操作。

④ 调用本对象的操作。

⑤ 发送消息给另一个对象。

⑥ 返回值给调用者。

(2) 从控制流区分,消息有四种:简单消息、同步消息、异步消息和返回消息,如图 6-1 所示。

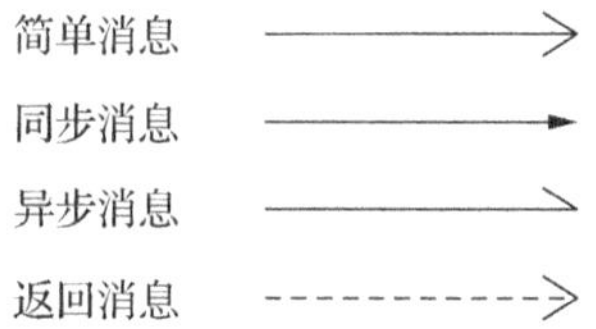

① 简单消息(Simple Message) 表示简单的控制流,用带叉形箭头的实线表示。简单消息用于描述控制如何在对象间

简单消息 ———————→
同步消息 ———————▶
异步消息 ———————➤
返回消息 - - - - - - - →

图 6-1 UML 中消息的类型

进行传递,但不描述通信的细节。因此,进一步分析设计,简单消息可能是同步消息或异步消息。

② 同步消息(Synchronous Message)表示嵌套的控制流,用带实心箭头的实线表示。操作的调用是一种典型的同步消息。调用者发出消息后必须等待消息返回,只有当处理消息的操作执行完毕后,调用者才可继续执行自己的操作。

③ 异步消息(Asynchronous Message)表示异步控制流,用带半叉形箭头的实线表示。当调用者发出异步消息后不用等待消息的返回即可继续执行自己的操作。异步消息主要用于描述实时系统中的并发行为。

④ 返回消息(Return Message):表示控制流从过程调用的返回,用带叉形箭头的虚线表示。由于返回消息必然与其他消息成对出现,在动态模型中,为保证模型的简洁清晰,常常省略不重要的返回消息。

6.2　时序图

时序图(Sequence Diagram)用来描述对象之间动态的交互关系,着重体现对象间消息传递的时间顺序。

6.2.1　时序图的组成元素

时序图存在两个轴:水平轴表示不同的对象,垂直轴表示时间。时序图中包括的建模元素主要有对象、生命线、激活、消息等。

1) 对象

时序图中的对象可以是系统的参与者或任何有效的系统对象。

时序图中的对象表示法和对象图中的一样,使用包围名称的矩形框表示。名称带下划线,采用"对象名:类名"的形式,对象名和类名之间用冒号隔开,如图 6-2 所示。

图 6-2　对象的表示法

通常将一个交互的发起对象(例如行为者对象)作为主角,主角对象通常由时序图中的第一条(最左侧)生命线表示,也就是把它放在模型的"可看见开始之处"。

2) 生命线

生命线是一条垂直的虚线,用于表示在这段时间内对象是存在的。对象间的通信通过在对象的生命线间画消息来表示。每个对象的底部中心位置都带有生命线。

生命线是一个时间线,从时序图的顶部一直延伸到底部,所用的时间取决于交互持续的时间,如图 6-3 所示。

图 6-3　生命线的表示法

3）激活

激活表示该对象被占用以完成某个任务；去激活指的是对象处于空闲状态，在等待消息。

在 UML 中，要表示对象是激活的，可以将该对象的生命线拓宽成为一个长条的矩形，称为激活条或控制期，对象在激活条的顶部被激活，在完成自己的工作后去激活，如图 6-4 所示。

4）消息

消息定义的是对象之间某种形式的通信，它可以激发某个操作、唤起信号或导致目标对象的创建或撤销。消息是两个对象之间的单路通信，是从发送方到接收方的控制信息流，可以用于在对象间传递参数，可以是信号，也可以是调用。UML 中的消息使用箭头来表示，箭头的类型表示了消息的类型。

图 6-4　激活条

案例学习

◎ 一个自助饮料机控制系统的时序图如图 6-5 所示。

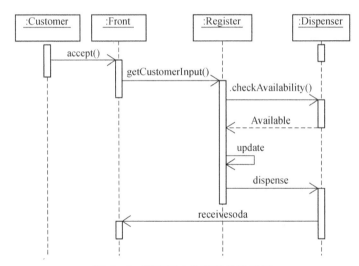

图 6-5　时序图中的消息传递示例

在该系统中，顾客从前端塞入钱币，选择想要的饮料，前端将钱送到钱币记录仪，记录仪更新自己的存储信息，分配器检查系统是否有存货，记录仪通知分配器分发饮料到前端。

5）创建对象和撤销对象

时序图中对象的默认位置是在图的顶部，如果对象在这个位置上，说明对象在交互开始之前已经存在了。如果对象是在交互的过程中创建的，那么它位于图的中间部分，即被创建的时间点上，调用的是被创建对象的类的构造器方法（该方法与类名相同，UML 中常常用一个衍型《create》表示）。图 6-6 显示的是在交互过程中创建对象的两种常见表示方法，本书建议使用更直观的第一种表示方法。

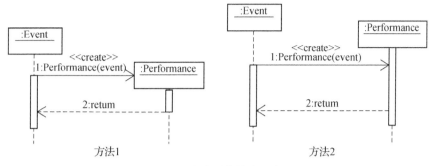

图 6-6 创建对象的表示方法

如果要撤销对象,只要在其生命线终止点放置一个"×"符号即可,该点通常是对删除或取消消息的回应,如图 6-7 所示。创建或撤销一个对象的消息通常是同步消息。

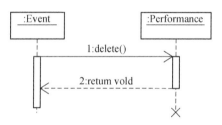

图 6-7 撤销对象的表示方法

6.2.2 时序图中的条件和分支

消息有内容标识,可带参数表,并可附带警戒条件,当条件为真时消息才被发送或接收。条件可用于描述分支。当几个消息箭头上的条件互斥时,表示某一时刻只有一个消息被发送,称为条件分支;如果条件不是互斥的,这些消息会被并行发出。

❖ **案例学习**

◎ 图 6-8 是带条件和分支的时序图示例。从该时序图的描述中可以清晰地看到,当登录画面接收到请求登录的消息后,立即向"信用管理数据库"对象发送"检查信用"请求。"信用管理数据库"对象接收到消息后,同时发出两条带警戒条件的消息:一条发送给"黑名单"对象,警戒条件为"如果信用值为负,则创建黑名单";另一条发送给"会员"对象,其警戒条件为"如果信用值为正,则创建会员"。

注意,这两条消息的警戒条件是互斥的,因此在同一时刻只会执行满足条件的一条消息,而另一条消息则不会被执行。

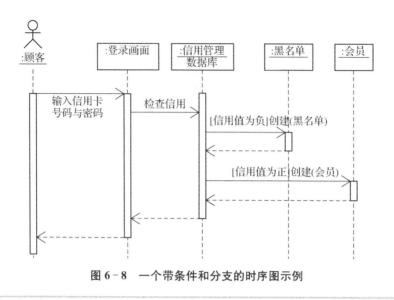

图 6-8 一个带条件和分支的时序图示例

6.2.3 时序图中的约束

时序图中可以用标记来定义约束,约束用分隔符"{ }"围起。标记可以是任何类型的,如时间标记和事件约束。

❖ **案例学习**

◎ 图 6-9 是带有时间延迟标记的时序图示例。图中用标记"a"、"b"、"c"给出两个时间段:a—b 和 b—c。在第一个时间段给出约束{b—a<5 sec},要求系统显示饼形图的时间在 5 秒之内;在第二个时间段给出约束{c—b<3 sec},要求系统在延迟最多 3 秒之后显示柱形图。用约束和标记给出两个消息之间的最长时间间隔。该时序图描述的是:当"图形显示:用户接口"对象接收到"合同管理员"对象发来的"显示履约率"消息后,立即向"饼形图显示"对象发送"显示饼形图"消息。"饼形图显示"对象接收到消息后,根据约束{b—a<5 sec}的要求,用 5 秒的时间显示当前合同履约率的饼形图。显示完饼形图后,根据约束{c—b<3 sec}的要求延迟 3 秒,将"显示柱形图"消息发送到"柱形图显示"对象。"柱形图显示"对象接收到消息后显示柱形图。

注意,本例中对所有的消息按照时间顺序进行了编号,实际上时序图中从上到下就表示时间轴,出现在图中上方的消息一定是先发出的,所以这样的消息编号在时序图中可以省略。

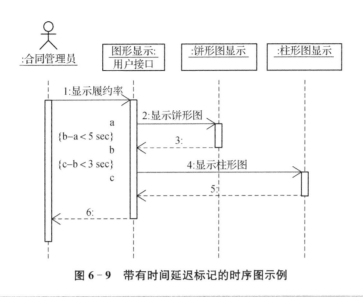

图 6 - 9　带有时间延迟标记的时序图示例

6.2.4　时序图中的循环

时序图中,一个对象向另一个对象连续多次发送同一消息,称为消息的循环。循环用一个矩形框与其包含的一组消息来表示。用"[ ]"围起的表示停止(或继续)循环的条件,标识在矩形框的底线内侧边上,也可以用一条在发送方旁竖立的虚线代替方框。

❖ **案例学习**

◎ 图 6-10 是带循环标记的时序图示例。描述的交互过程如下:

(1) 合同管理员向"合同管理窗口:用户接口"对象发送"删除上年履约合同"消息。

(2)"合同管理窗口:用户接口"对象接收到消息后,向"购进合同存储器"对象发出"查找合同库"消息,将满足条件的上年履约合同全部查找出来。

(3)"合同管理窗口:用户接口"对象向"购进合同"对象发出"核对购进合同"消息。

(4) 核对无误后,如果该合同是已经履约的历年合同,则将该合同发送到"历年履约合同"数据库中保存,并删除该合同。

(5) 重复过程(3)～(4),直到全部合同都审查完毕为止。

过程(3)～(5)组成了一个循环。在时序图中用一个矩形框围起两个操作组成一个循环,循环停止条件就是由方括号围起的"[直到无上年履约合同]"。

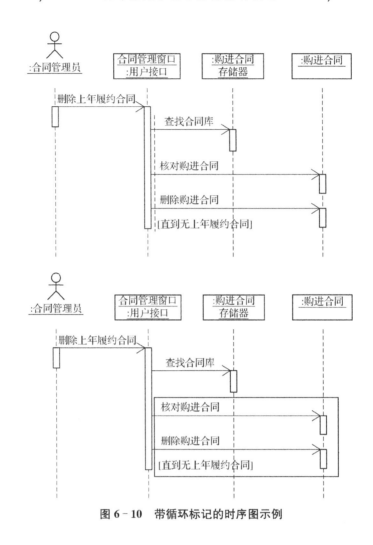

图 6-10　带循环标记的时序图示例

6.3　协作图

协作图(Collaboration Diagram)用于描述相互合作的对象间的交互关系和链接关系。虽然时序图和协作图都用来描述对象间的交互关系,但侧重点不一样。时序图着重体现交互的时间顺序;协作图则着重体现交互对象间的结构组织,显示对象、对象之间的链接以及对象之间的消息。

6.3.1　协作图的组成元素

协作图是表现对象协作关系的图,它首先定义了协作中作为各种类元角色的对象所处的位置,在图中主要显示了类元角色(Classifier Role)和关联角色(Association Role)。

（1）类元角色表示参与协作执行的对象的描述，系统中的对象可以参与一个或多个协作。

（2）关联角色表示参与协作执行的关联的描述。

类元角色和关联角色描述了对象的配置和当一个协作的实例执行时可能出现的连接。当协作被实例化时，对象受限于类元角色，连接受限于关联角色。

协作图包含三个元素：对象（Object）、消息（Messages）和链接（Link）。

1）对象

协作图中的对象也是类的实例，使用包围名称的矩形框来表示，对象的名称及其类的名称的表示方法与对象图和时序图中的相同，即带有下划线，两者用冒号隔开，采用"对象名：类名"的形式。

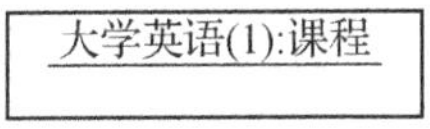

大学英语(1):课程

图6-11 协作图中的对象示例

在协作图的对象框中，可以在"{ }"内填写文字用来表示该对象的创建或撤销。

（1）{new}：对象创建，表示该对象在协作期被创建。

（2）{destroyed}：对象撤销，表示该对象在协作期被撤销。

（3）{transient}：对象创建并撤销，表示该对象在协作期被创建并被撤销。

2）消息

在协作图中，可以通过一系列的消息来描述系统的动态行为。每个消息包括一个顺序号以及消息的名称。为了说明交互过程中消息的时间顺序，需要给消息添加顺序号。顺序号是消息的数字前缀，是由1开始递增的整数，每个消息都必须有唯一的顺序号。嵌套消息使用点表示法。

3）链接

在协作图中的链接用连接各个对象的实线表示。链接表示对象间的各种关系，包括组成关系的链接（Composition Link）、聚集关系的链接（Aggregation Link）、限定关系的链接（Qualified Link）以及导航链接（Navigation Link）。各种链接关系与类图中的定义相同，在链接的端点位置显示对象的角色名和模板信息。

链接是关联的实例，当一个类与另一个类之间有关联时，这两个类的实例之间就有链接，一个对象就能向另一个对象发送消息。所以链接是对象间发送消息的路径。

❖ 案例学习

◎ 图6-12分解出一个协作图里面的链接关系，实际上可以看作一个对象图。

在图中，有4种对象：合同、销售合同、收款单和出库单。这些对象之间用实线连接，表示它们之间有关联，关联角色和多重性标志在关联的两端标出。

"合同"对象和"销售合同"对象之间的关联角色表明销售合同是合同之一，它们之间的多重性是一对多关系。

"销售合同"对象与"收款单"对象之间的关联角色表明销售合同与收款单之间进行"核对",它们之间的多重性是一对多关系。

"销售合同"对象与"出库单"对象之间的关联角色表明销售合同与出库单之间进行"履约核对",它们之间的多重性是一对多关系。

"收款单"对象与"出库单"对象之间的关联角色表明收款单与出库单之间进行"核对",核对正确则进行"提货",它们之间的多重性是多对多关系。

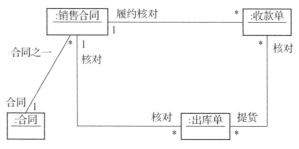

图 6-12　协作图里的链接关系示例

6.3.2　消息的层次关系和表达

协作图中,对象之间传递的消息必须标明序号,用以说明消息传送的先后顺序。序号标识的方法有两种,一种是顺序标识法,另一种是具有层次关系的标识法——嵌套消息标识法。

❖ **案例学习**

◎ 图 6-13 描述了销售合同管理系统中处理付款单的功能设计。

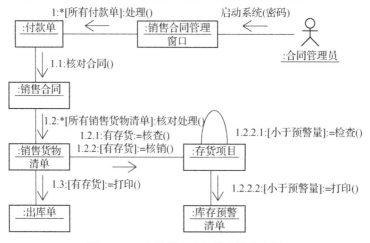

图 6-13　采用嵌套消息描述的协作图

在协作图中,合同管理员向"销售合同管理窗口"对象发送消息,调用其操作"启动系统(密码)",检验密码正确后,销售合同管理系统开始工作。合同管理员在窗口下选择处理付款单功能,"销售合同管理窗口"对象向"付款单"对象发送序号为 1 的循环处理消息"1 ∶ ∗[所有付款单]∶处理()",检查是否有财务系统传送来的付款单,如果有付款单,依次对付款单进行处理,直到所有的付款单处理完毕。

在循环处理过程中所有对象发出的消息都是嵌套消息,即"付款单"对象及后面所有对象发出的消息都是消息 1 的嵌套消息,通过各条消息的序号,可以看出它们具有明显的层次隶属关系。

6.3.3 协作图中的循环

一个对象存储器可以存储和管理多个对象,对象存储器和它管理的对象之间是一对多关系。在描述对象存储器的协作图中,如果对象存储器要在多个对象中查找满足某个条件的对象,就要向其管理的对象发送一个可重复循环执行的消息。这时,接收方就是多个对象,可以用重叠的对象框表示,如图 6 - 14 中的"课程"就表示同一个类构造出的多个对象。

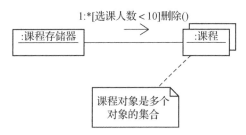

图 6 - 14　一个重复消息发送给多个对象的协作图

6.4　时序图和协作图的关联与差异

时序图和协作图常常被合称为交互图,它们描述的主要元素都是两个,即消息和对象角色。实际上,这两种图的语法和语义极为相似,在 Rational Rose 中甚至提供了在两种图之间进行切换的功能。

时序图和协作图的相同点主要有 3 个:

(1) 规定责任。两种图都直观地规定了发送对象和接收对象的责任。将对象确定为接收对象,意味着为此对象添加一个接口,而消息描述成为接收对象的操作特征标记,由发送对象触发该操作。

(2) 支持消息。两种图都支持所有的消息类型。

(3) 衡量工具。两种图还是衡量耦合性的工具。耦合性被用来衡量模型之间的依赖性,通过检查两个元素之间的通信,可以很容易地判断出它们的依赖关系。查看对象的交互图,可以看见两个对象之间消息的数量以及类型,从而简化或减少消息的交互,提高系统的设计性能。

时序图和协作图之间有如下区别:

(1) 协作图的重点是将对象的交互映射到它们之间的链接上,即协作图先以对象图的方式绘制各个参与对象,然后将消息和链接平行放置。这种表示方法有助于通过查看消息来验证图中的关联或者发现添加新的关联的必要性。但是时序图却不把链接表示出来。在时序图的对象之间,即使没有相应的链接存在,也可以随意绘制消息,不过这样做的结果是有些逻辑交互根本就不可能实际发生。

(2)时序图可以描述对象的创建和撤销情况。新创建的对象被放在对象生命线上对应的时间点,而在生命线结束的地方放置一个"×"符号表示该对象在系统中不能再继续使用。而在协作图中,对象要么存在要么不存在,除了通过消息描述或约束外,没有其他的方法可以表示对象的创建或撤销。由于协作图表现的结构被置于静止的对象图中,所以很难判断约束什么时候有效。

(3)时序图可以表现对象的激活和去激活情况,但对于协作图来说,由于没有对时间的描述,所以除了通过对消息进行解释外,它无法清晰地表示对象的激活和去激活情况。

时序图与协作图都表示对象之间的交互作用,只是它们的侧重点有所不同。时序图描述了交互过程中的时间顺序,但没有明确地表达对象之间的关系;协作图描述了对象之间的关系,但时间顺序必须从顺序号获得。两种图的语义是等价的,可以从一种形式的图转换成另一种形式的图而不丢失任何信息。

如图 6-15 所示的用户用 ATM 系统查询余额的时序图可以转换成如图 6-16 所示的协作图。

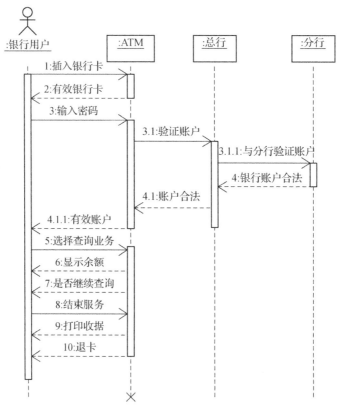

图 6-15　用户用 ATM 系统查询余额的时序图

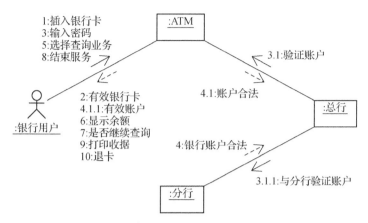

图 6 - 16　用户用 **ATM** 系统查询余额的协作图

6.5　状态图

状态图(Statechart Diagram)描述的是一种行为,说明对象在生命周期中响应事件所经历的状态序列以及对那些事件的响应(如收到消息、超时、报错、条件满足等)。

6.5.1　状态图的组成元素

在 UML 中描述一个状态图的图符除了状态图符和状态转移图符外,还有起始状态、终止状态、条件判定、发出信号、接收信号和并发状态等图符。

(1) 起始状态:代表状态图的起始点,本身无状态。起始状态是转移的源点,不是转移的目标。起始状态由一个实心圆表示。

(2) 终止状态:代表状态图的最后状态,本身无状态,是状态图的终止点。终止状态是转移的最终目标,不是转移的源点。结束状态由一个空心圆套一个实心圆表示。

(3) 条件判定:与程序设计语言中的条件分支类似,条件判定是一个转折点,状态转移按照满足条件的方向进行。条件判定通常为一个入转移、多个出转移。条件是一个逻辑表达式,状态转移沿条件判定为真的分支触发转移。条件判定用空心菱形表示。

(4) 并发状态:并发状态描述对象的同步工作状态。并发状态分为分劈和接合两种:并发分劈表示将一个源状态分劈为多个目标状态,多个目标状态是并行转移的;并发接合表示将多个源状态接合为一个目标状态,多个源状态也是并行转移的。并发状态由一条粗短实线表示,称为并发(同步)杆。

(5) 信号:在状态图中允许出现信号图符,信号图符分为发出信号图符和接收信号图符。发出信号图符为一个一侧为凸尖角的多边形表示,接收信号图符为一个一侧为凹尖角的多边形。用带实心箭头的虚线表示信号的传输方向。

一个对象的状态图就是由以上这些不同的图符排列组合而成。状态图的基本图符如图 6 - 17 所示。

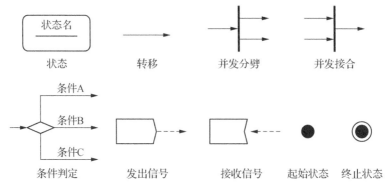

图 6-17　状态图的基本图符

状态图是由状态、事件、转移、执行动作和连接点组成的,用来建模对象是如何改变状态的。

1) 状态(State)

状态是指对象在生命周期中的条件或状况,在此期间对象将满足某些条件、执行某些活动或等待某些事件。

状态图中的状态表示成圆角矩形。若不展示状态的内部转移细节,就只把状态名写进圆角矩形内,否则用水平线对圆角矩形进行分割。一张状态图中不能出现具有相同名称的状态。起始状态和终止状态是状态图中的两个特殊状态,它们二者都是伪状态(pseudo state),除了名称外没有正规状态的通常部分。

一个状态包含以下几个部分:

① 名称(Name):一个将本状态与其他状态区分开来的文本字符串,状态可以匿名。在实际应用中,状态名取自所建模系统的词汇中的名词或名词短语,通常将状态名中的每个单词的首字母大写。

② 进入/退出效应(Entry/Exit Effect):分别为进入和退出某状态时所执行的动作。入口动作用"entry/要执行的动作"表达,出口动作用"exit/要执行的动作"表达。

③ 内部转移(Internal Transition):不导致状态改变的转移。

④ 子状态(Substate):状态的嵌套结构,包括非正交(顺序活动)子状态和正交(并发活动)子状态。

⑤ 延迟事件(Deferred Event):指在该状态下暂不处理,而是推迟到该对象的另一个状态下排队处理的事件列表。

2) 事件(Event)

"发生的事情"称为事件,指一个在时间和空间上可以定位并具有实际意义的发生的事情。在状态图中,一个事件是一次激励的发生,激励能够触发状态转移。

事件可以分为外部事件和内部事件,外部事件是在系统和它的参与者之间传送的事件,例如按下一个按钮;内部事件是在系统内部的对象之间传送的事件,例如溢出。内部事件包括:

（1）入口事件

入口事件 UML 提供的标准内部事件,以关键字 entry 说明,是进入状态时最先执行的一个内部入口动作序列,不带条件。该动作序列不能中断,具有原子性,为隐式调用。只在最高层状态图创建该类的对象时入口事件事可带有参数,其他时候一般不带参数。

（2）出口事件

出口事件是 UML 提供的标准内部事件,以关键字 exit 说明,是退出状态时执行的一个内部动作序列,不带条件和参数。该动作序列不能中断,具有原子性,为隐式调用。出口事件在所有内部活动的最后执行,但先于任何出转移。

（3）do 事件

do 事件是 UML 提供的标准内部事件,以关键字 do 说明,是在入口事件之后、出口事件之前执行的一个内部动作序列。do 事件引用的不是包含它的对象的某个操作,而是其嵌套子状态图的全部动作序列。该动作序列可以中断。

（4）include 事件

include 事件是 UML 提供的标准内部事件,以关键字 include 说明,在入口事件之后、出口事件之前执行。include 事件标识对一个嵌套子状态图的引用,后面的动作表达式中包含该子状态图的名称。

（5）自定义内部事件

自定义内部事件是开发人员根据需要自定义的事件,如为用户提供在线帮助等。自定义内部事件不引起状态转移。例如,自定义内部事件"帮助/口令格式帮助()"为用户在线提示输入口令的格式。

在 UML 中也可将事件分为信号事件、调用事件、时间事件和变化事件。

（1）信号事件

信号事件也称为信号(Signal),是在实例间进行通信的异步消息的规约。信号是消息的类目。信号可以包含在泛化关系中,可以把一个信号指定为另一个信号的子信号,以此对事件的层次结构建模。如同类一样,信号也可以有属性和操作。

（2）调用事件

调用事件表示对象接到一个操作调用请求。信号事件是一个异步事件,而调用事件一般是同步的。也就是说,当一个对象调用另一个对象的一个操作时,控制传到接收者,该事件触发转移,完成操作后,接收者转移到一个新的状态,控制返还给发送者。通常,一个信号事件由它的状态图来处理,而一个调用事件则由一个方法来处理。

（3）时间事件

时间事件表示到达指定时间时发生的事件。在 UML 中用关键字 after 和计算一段时间的表达式来对一个时间事件建模,如"after 2 seconds"或者"after 10 s since exiting Idle";还可以用关键字 at 和计算时间量的表达式来表示时间事件,如"at(1 Jan 2015,12:00 UT)"表示该事件发生在格林威治时间 2015 年 1 月 1 日的中午 12 点。

（4）变化事件

变化事件表示状态的一个变化或某些条件得到满足的事件。用关键字 when 和布尔表达来来对一个变化事件建模,如"when (altitude < 1000)"。这样的布尔表达式的值只要由假变为真,就会发生变化事件,即使之后条件的值变为假,也不会引发事件变化直至它被处理,而当事件一直为真时,也不会重复引发变化事件。

❖ **案例学习**

◎ 一个含有时间事件和变化事件的状态图如图 6 - 18 所示。

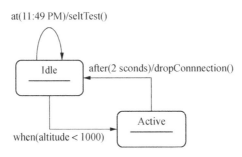

图 6 - 18　含有时间事件和变化事件的状态图示例

图中有两个状态:"Idle"空闲状态和"Active"激活状态,在 11:49PM 的时候,"Idle"空闲状态发生自转移进行自检;当 altitude 小于 1 000 时状态变为"Active"激活状态,2 s 后激活状态断开连接,回到"Idle"空闲状态。

3) 转移(Transition)

转移是两个状态之间的关系,由某个事件触发,然后在第一个状态中执行一定的动作后进入第二个状态。当状态发生这样的转变时,转移被激活。转移用带箭头的直线表示。一个转移由 5 部分组成:

(1) 源状态(Source State):即受转移影响的状态。如果一个对象处于源状态,当该对象接收到转移的触发事件而且警戒条件(如果有)满足时,将激活一个输出转移。

(2) 事件触发器(Event Trigger):即能够引起状态转移的事件。源状态中的对象识别了这个事件,则在警戒条件满足的情况下激活转移。

(3) 警戒条件(Guard Condition):是一个布尔表达式。当因事件触发器的接收而触发转移时,对这个布尔表达式求值,若值为真则激活转移,若为假则不激活,此时若没有其他的转移能被这个事件触发,则该事件丢失。对于每一个转移,一个警戒条件只在事件发生时被计算一次,如果该转移被重新触发,则警戒条件会被再次计算。

(4) 效应(Effect):是在转移激活时所执行的动作。它可以直接作用于拥有状态图的对象,并间接作用于对该对象可见的其他对象。包括在线计算、操作调用、另一个对象的创建或撤销或者向一个对象发送信号。

(5) 目标状态(Target State):即转移完成后的活动状态。

转移分为外部转移和内部转移。外部转移是一种改变对象状态的转移,较为常见;内部转移则是在不退出状态的情况下在状态内将事件处理。内部转移自始至终都不离开本状态,所以没有入口事件和出口事件。两种转移的格式是一样的,均为:

事件触发器［（用逗号分隔的参数表）］［警戒条件］/［动作表达式］

加了方括号的参数表、警戒条件和动作表达式是可选的。

6.5.2 嵌套状态

在一个状态图的活动区中画有一个或多个状态图的称为嵌套状态图,被嵌套的状态称为子状态。子状态还可以有自己的嵌套状态。一个状态所拥有的子状态可以画成另一个状态图。

一个不含内嵌套状态的状态称为简单状态。简单状态对应一个动作,而嵌套状态中每个被嵌套的状态都对应该嵌套状态内正在进行的一个活动。在 UML 中,动作和活动的含义是不同的。

(1)动作:一组可执行的语句。动作具有如下特性:

① 转移性:与状态转移有关。

② 原子性:这组语句不可中断。

③ 连续性:这组语句必须连续执行,直到完毕。

(2)活动:一组可执行的动作。活动具有如下特性:

① 有限性:完整的活动有一定的期限。

② 非原子性:这组动作可因某一事件发生而中断。

在一个嵌套状态图中,被嵌套的子状态图必须有自己的起始状态和终止状态。在状态转移中,一个嵌套状态图的入转移就是其子状态图的起始状态的入转移;其子状态图的终止状态的迁移表示该嵌套状态的相应活动结束。

嵌套状态内的多个子状态可以是“并”关系或者是“或”关系。“或”关系子状态表示在任一时刻这些子状态中只有一个子状态是活动的。

✤ 案例学习

◎ 一部在正常使用的车床,其状态可以由两个状态属性值描述:设备使用状况和设备操作状况。这两个状态属性值的排列组合就可以描述出车床的全部状态变化。但在此例中,由于设备操作状况只对使用中的车床才有意义,所以只用 8 个状态便可以描述车床全部的状态转移。采用嵌套状态图可以使画面清晰,更清楚地表达了状态的结构关系,便于分清主次,简化对复杂行为的建模,如图 6-19 所示。

(1)设备使用状况。

① 使用中:正在使用,一切正常。

② 维修中:例行检修或有毛病正在修理,不能使用。

③ 闲置:设备正常,但不适合生产使用。

④ 报废:损坏严重不能修理或超过使用年限。

(2) 设备操作状况：只有使用中的设备才有操作。

① 待命：车床已经启动，进入准备运行状态。

② 提速：得到运行命令，从 0 开始加速，逐渐进入运行所需速度。

③ 运行：匀速正常运行。

④ 减速：得到停止运行命令，正在减速，逐渐进入待命状态。

描述设备（车床）操作状况的状态图嵌套在设备状况为"使用中"的状态内，也可以抽出来单独成为一个状态图，这样可以更加详细地描述设备操作状况的各个状态的属性值、对象做的具体动作及引起状态转移发生的事件。

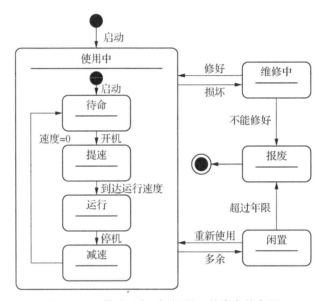

图 6-19　描述设备（车床）状况的嵌套状态图

6.5.3　顺序状态

顺序状态也称为不相交状态，表明状态图中的状态没有并发转移现象，状态之间的转移是串行的，即一个接一个顺序转移。在图 6-19 中嵌套在"使用中"状态内的状态图就是一个顺序状态图。

顺序状态是最经常使用的状态，但对于一个复杂的系统而言，只用顺序状态来描述一个对象的状态转移往往显得力不从心。我们可以将顺序状态和嵌套状态描述结合在一起使用，使状态图看起来更加清晰，结构性更好。

6.5.4　并发状态

一个状态也可以有多个并发的子状态。并发子状态之间用虚线分隔，它们可被任意命名，并分别有一个内部的状态图。

❖ **案例学习**

◎ 图 6-20 是一个描述按销售合同生产和销售产品的并发子状态图。

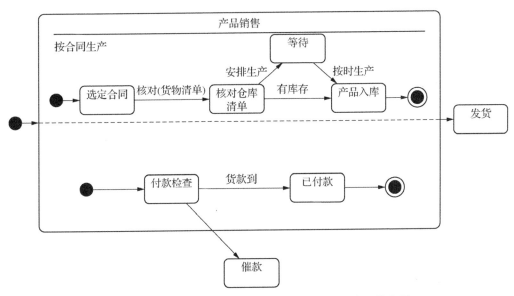

图 6-20　一个按销售合同生产和销售产品的并发子状态图

　　在按销售合同生产和销售产品的企业中,有两个过程是并发执行的:一个过程是检查仓库是否有合同要求的产品,另一个过程是检查客户是否已付款。只有两个检查都成功,才能发货。在第一个过程中,首先检查合同,如果仓库中有合同所要求的货物和相应的数量,则备齐产品,等待发货;如果仓库中没有合同所要求的货物或相应的数量,则等待一段时间,组织安排生产,生产完毕将产品入库,等待发货。在另一个过程中,首先检查付款单,如果客户按合同约定汇来货款,可以发货;如果超过合同期限没有汇款,应向客户发催款通知,且不发货。

　　可以用复合转移的同步并发转移来表示并发子状态。一个同步并发转移可以有多个源状态或目标状态,它们可以把一个控制分解为并行运行的并发线程,或将多个并发线程合并成单个线程。同步并发转移用一个短而粗的线条表示,称为同步杆,可以从一个或多个状态(称为源状态)用带实心箭头的实线指向它,也可以从它用一个或多个带实心箭头的实线指向其他状态(称为目标状态)。转移的条件可写在同步杆旁边。只有当对象处于所有的源状态中并且转移的条件为真时,转移才被触发,这意味着并发执行的开始或结束。因此,同步杆实际上在并发活动中起同步的作用。

❖ **案例学习**

◎ 图 6-21 是采用并发同步转移描述按销售合同生产和销售产品的并发子状态图。在图中左边的同步杆的两侧,一个源状态"签订销售合同"被分劈为两个并发目标状态:"产品检查"和"付款检查"。同步杆旁边有条件"合同生效",表示在条件为真时,该并发分劈转移

117

发生。在图中右边也有一个同步杆,它有两个并发源状态"产品检查"和"付款检查",一个目标状态"发货"。同步杆旁边标有条件"有库存并且已付款",表示条件为真时,该并发接合转移发生。

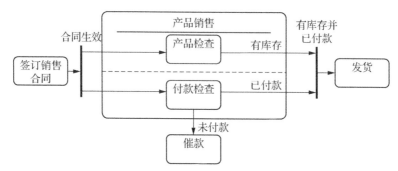

图 6-21 采用同步并发转移描述的并发子状态图

6.5.5 历史状态

有时,当离开一个嵌套状态后,需要重新进入该嵌套状态,但又不想从该子状态图的开始进入,而是希望直接从上次离开该嵌套状态时的最后一个子状态进入,在这种情况下采用历史状态就很容易做到。历史指示器用来记录状态图内部的历史状态,用标有"H"的圆圈表示。历史指示器作用于标有它的子状态图,如果指向历史指示器的转移被触发,对象就会恢复到该状态区域当前状态的前一个状态,使得对象能在活动被中断或需要逆行时回到最近的那个状态。历史指示器是一个伪状态,可以有几个进入它的状态转移,但没有离开它的状态转移。

✥ **案例学习**

◎ 图 6-22 描述了一个软件安装过程。一个"建立()"转移被触发使系统进入安装软件状态,在软件安装状态中嵌套有两个并发的子状态图:一个是正在运行的操作系统,另一个是运行安装软件的程序。只有在操作系统正在运行的情况下,才能启动安装软件的程序,因此它们是并发执行的。当软件安装完毕时,操作系统和安装软件的程序都要重新启动,安装的软件才能开始工作。操作系统运行子状态图的功能很清楚,这里重点讨论安装程序运行子状态图的状态转移过程。

在如图 6-22 所示的安装程序运行子状态图中,首先进入"启动安装程序"状态,再自动进入"安装"状态。在"安装"状态中,操作人员按照安装程序的提示进行软件安装。如果在安装过程中出现"磁盘错误"或"超出内存"事件时,安装程序暂时停止安装进程,在屏幕上提示出错信息并要求操作者进行选择。出现"磁盘错误"事件时,操作者可以选择"再试一次"或"终止安装"转移;出现"超出内存"事件时,操作者可以选择"继续安装"或"终止安装"转移。如果选择"终止安装"转移,则安装程序停止运行并退出,回到操作系统。如果选择"再试一次"或"继续安装"转移,则触发历史指示器。此时,并不是回到安装程序运行子状态图的起始状态，而是返回到发生转移的前一个状态（历史状态），即"安装"状态，继续进行软件安装。

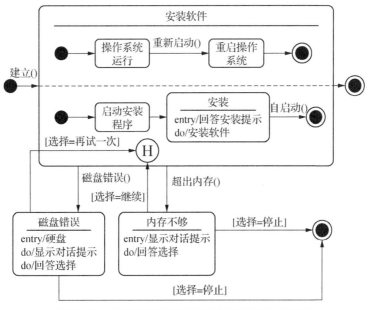

图6-22　带有历史指示器的软件安装过程状态图

6.5.6　状态图之间的消息发送

状态图之间发送消息是指某一个状态图所描述的对象向另一个状态图所描述的对象发送消息，本质上类似于将协作图和状态图合并，但语法上需做相应调整。状态图向其他状态图发送消息，可用动作（如在发送子句中指明接收者）或状态图之间的带实心箭头的虚线来表示。当采用带实心箭头的虚线时，状态图必须画在矩形框中。在状态图之间画表示消息时有两种画法。第一种画法是从表示源对象的状态图的状态转移上画带实心箭头的虚线到表示目标对象的状态图的边框上。此时，在目标对象状态图中应画一个捕获这个消息的相应的转移。第二种画法是在两个状态图的边框间（即两个对象间）画带实心箭头的虚线，表示源对象在执行期间的某一时刻发送消息。此时，在目标对象状态图中也必须有相应的转移，以捕获该消息。

❖ 案例学习

◎ 图6-23描述了状态图之间的消息发送。图中左边矩形框内描述温度计时控制器的状态图，右边矩形框内描述电烤箱恒温加热的状态图，两个围有外框的状态图之间有消息传递。从温度计时控制器状态图的状态转移线上发送两条消息给电烤箱恒温加热状态图，从转移线上引出两条带实心箭头的虚线直达电烤箱恒温加热状态图的外框，消息的内容标注其上，一个是"加热（）"，另一个是"关机（）"，而在电烤箱恒温加热状态图中有两个转移与之对应,响应传递消息的触发。

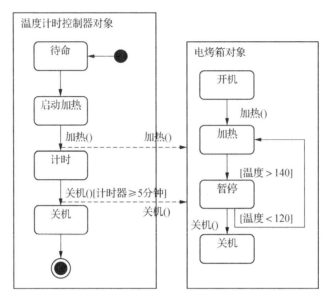

图 6 - 23　状态图之间的消息发送

6.6　活动图

活动图(Activity Diagram)是 UML 中用于系统动态建模的 4 种图之一,用来表示完成一个操作所需要的活动,或者一个用例实例(场景)的活动。活动图在本质上类似于流程图,展现从活动到活动的控制流。但与经典的流程图不同的是,活动图能够展示并发和控制分支。

6.6.1　活动图的组成元素

活动图展示从活动到活动的控制流。一个活动(Activity)是一个状态图中进行的非原子的执行单元。活动的执行最终延伸为一些独立动作的执行,每个动作将导致系统状态的改变或消息传送。在图形上,活动图是顶点和弧的集合。

UML 活动图中除了活动图符外还有起始活动与终止活动、对象、转移、条件判定、并发活动、接收信号与发出信号、泳道等各种图符。

(1)起始活动:表示活动图中所有活动的起点,一个活动图中有且只有一个起点。

(2)终止活动:表示活动图中所有活动的终点,一个活动图中有一个或多个终点。

(3)对象:若与信号流相连,表示是与活动图中的对象进行交互的其他对象;若与数据流相连,表示是活动的输入产品或输出产品。

(4)条件判定:一种特殊活动,表示活动流程中的判断。通常有多个信息流从它引出,表示决策后的不同活动分支。

(5)并发活动:一种特殊活动,表示活动之间的同步,分为并发分劈与并发接合。一般有一个或多个信息流向它引入,有一个或多个信息流从它引出,表示引入信息流同时到达,引出信息流同时被触发。并发活动图符和状态图符一样用一条粗短实线表示,称为并发(同步)杆。

(6)信号:在活动图中允许出现信号图符,信号图符分为发出信号图符和接收信号图符,发出信号图符为一个一侧为凸尖角的多边形,接收信号图符为一个一侧为凹尖角的多边形。用带实心箭头的虚线表示信号的传输方向。

(7)泳道:用于对活动图中的活动进行分组,同一组活动由一个或多个对象负责完成。

活动图中的基本图符如图 6 - 24 所示。

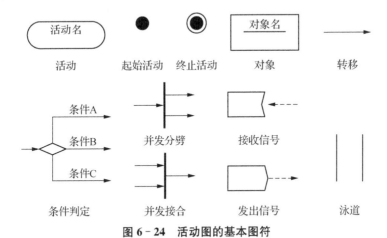

图 6 - 24 活动图的基本图符

活动图一般包括动作、活动结点、流和泳道,像所有其他图一样,活动图也可以包括注解和约束。下面介绍活动图组成元素的基本概念。

1)动作(Action)

动作是可执行的基本功能单元,可能要计算一个设置属性值或返回值的表达式,也可能要调用一个对象的操作,发送一个信号给对象,创建或撤销一个对象等。

动作不能被分解,是原子的,即事件可以发生,但动作状态的内部行为是不可见的,不能只执行动作的一部分,而是要么全部执行,要么不执行。此外动作是即时的,即动作执行的事件可忽略不计。动作用圆角矩形表示。

2)活动结点(Activity Node)

活动结点是活动的组织单元,而一个活动表示多个动作的集合,即活动结点是内嵌的动作组或者是其他嵌套的活动结点。一般来说,活动结点会持续一段时间来完成。可以把动作看作活动结点的特例——动作是一个不能被进一步分解的活动结点。类似地,可以把活动结点看作一个组合,它的控制流由其他的活动结点和动作组成。放大一个活动结点的细节就会发现一个活动图。活动结点和动作之间没有表示法上的差别,只是活动结点可以有附加的部分,这些部分通常由编辑工具在后台维护。

3)控制流(Control Flow)

控制流是指当一个动作或活动结点结束时,马上进入下一个动作或活动结点的流程。在图形上用一个带箭头的实线来表示从一个动作或活动结点到下一个动作或活动结点的控制路径,如图 6 - 25 所示。

图 6 - 25 控制流示例

事实上,控制流会从某个地方开始,然后在某个地方结束,图6-25中的起始活动图符和终止活动图符分别表示控制流的开始与结束。

上述控制流是顺序执行的,即动作一个接一个地执行。简单、顺序的控制流是常见的,但并不是对控制流建模的唯一途径。控制流也可以包含分支,描述基于某个布尔表达式的可选择的路径。分支用一个菱形来表示,一个分支可以有一个进入流和两个或多个离去流,在每个离去流上放置一个布尔表达式,在进入这个分支时判断一次。在所有这些离去流中警戒条件不可以重叠,同时要覆盖所有的可能性。两个控制路径的合并用带有两个输入箭头和一个输出箭头的菱形符号来表示,对合并来说没有警戒条件。

❖ 案例学习

◎ 图6-26为还书的活动图,进行条件判定,若超时条件为真,则进行罚款,否则与罚款后的控制流合并,最终更新书本信息。

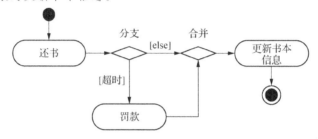

图6-26 带有分支的活动图示例

简单的和具有分支的顺序转移是活动图中最常见的路径。但也会有并发的情况发生。可用同步杆(一条粗短实线)来表示并发控制流的分劈(fork)和接合(join)。分劈表示把一个单独的控制流分成两个或更多的并发控制流。一个分劈可以有一个进入转移和两个或多个离去转移,每一个离去转移表示一个独立的控制流。在一个分劈下,与每一个路径相关的活动将并行地继续,这些流可以是真实并发的,也可以是顺序但交替进行的。一个接合表示两个或多个并发控制流的同步。一个接合可以有两个或多个进入转移和一个离去转移。在接合处,并发的流取得同步;在接合后,只有一个控制流从这一点继续进行。

❖ 案例学习

◎ 图6-27用并发分劈和并发接合描述了进入车站候车厅前的活动图:首先到达车站,此时需要分别检查行李和车票,这两项检查是同时进行的,当两个活动都达到下一个状态后才能进行下一个活动即进入候车室。

图6-27 含有并发分劈和并发接合的活动图示例

并发接合和并发分劈应该是平衡的,即离开一个并发分劈的流的数目应该和进入与它对应的并发接合的流的数目相匹配。

4) 泳道(Swimlane)

泳道即将一个活动图中的活动状态分组,每一组表示负责这些活动的业务机构,每个组称为一个泳道,用一条垂直的实线将它与其他组分开。一个泳道代表对象对活动的责任,它能清楚地表明动作在哪里(在哪个对象中)执行,或者表明一个组织的哪部分工作(哪个动作)被执行。

每个泳道在图中都有唯一的名称,可以代表现实世界的某些实体,例如公司内部的一个机构单元。每个泳道表示一个活动图的全部活动中部分活动的高层职责,并且最终可能由一个或多个类实施。在一个划分了泳道的活动图中,每个活动严格地属于一个泳道,而转移可以跨越泳道。

❖ **案例学习**

◎ 图6-28中的活动图被泳道分成三个组:顾客、运输部和财务部,每个部门(对象)负责与各自职责有关的活动。

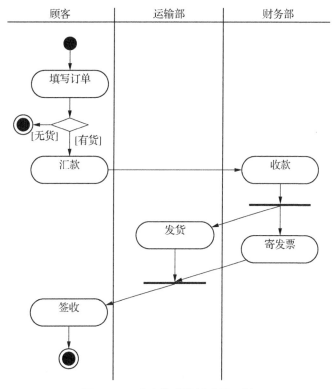

图6-28 含有泳道的活动图示例

5) 对象流(Object Flow)

对象流是活动与对象之间的依赖关系,对象流被包含在与一个活动图相关的控制流中,表示动作使用对象或动作对对象的影响。对象流描述了一个对象值从一个动作流向另一个动作,在UML活动图中描述某个对象时,把涉及的对象放置在UML活动图中并用一个依赖关系将其连接到进行创建、修改和撤销的动作状态或活动状态上,就构成了对象流。对象流用带箭头的虚线表示。

❖ 案例学习

◎ 图 6-29 在图 6-28 的基础上产生,"汇款"活动将创建一个"汇款单"对象,其他的活动将使用或修改该对象。

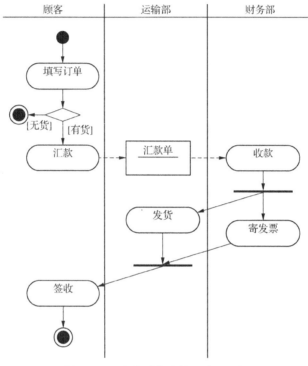

图 6-29　含有对象流的活动图示例

6.6.2　活动图的层次关系

对于一个复杂的面向对象系统来说,需要很多幅活动图对其进行描述。将这些描述系统不同部分的活动图按结构层次关系进行排列,可以更简洁、清晰地展示该系统。在一个活动图中,其中的一个活动可以分解为若干个子活动或动作,这些子活动或动作可以组成一个新的活动图。

活动按构成可以分为简单活动和组合活动。一个不含有内部嵌套活动或动作的活动称为简单活动。简单活动是组成活动图的基本元素。一个内部嵌套了若干活动或动作的活动称为组合活动,其中被嵌套的活动称为子活动,子活动可以是组合活动,也可以有自己的内嵌子活动。组合活动有自己的名称和相对应的子活动图。

按结构层次关系描述系统活动图,可以在最高层只描述几个组合活动,不必涉及子活动图的内容,组合活动的内部行为可以在低一层的活动图中进行描述。这样便于突出主要问题,使图形更加简洁明了。

活动图除了可以描述系统的动态行为外,还可以用来描述用例以及说明用例图中正常或异常的事件流。

6.7 案例分析

几种主要模型的动态建模步骤概括如下:

1) 创建时序图的步骤

(1) 确定工作流程。

(2) 确定对象。

(3) 确定消息和条件。

2) 创建协作图的步骤

(1) 确定协作图的元素。

(2) 确定元素之间的结构关系。

(3) 细化协作图。

3) 创建状态图的步骤

(1) 确定状态图描述的主体,可以是整个系统、一个用例、一个类或一个对象。

(2) 确定状态图的起始状态、终止状态及主体在其生命周期中的各种稳定状态。

(3) 确定触发状态迁移的事件并附上必要的动作,该事件能使一个合法状态迁移到另一个合法状态。

(4) 简化状态图,利用嵌套状态、子状态、分支、分劈、接合和历史状态来简化状态图。

(5) 审核状态图,确定状态的可实现性,确定无死锁状态,保证状态图中所有事件都可以按设计要求触发并引起状态迁移。

4) 创建活动图的步骤

(1) 识别描述工作流的类或对象,找出负责工作流实现的业务对象,为每一个重要对象设置泳道。

(2) 确定范围(边界)和活动(动作)序列。明确起始状态和终止状态,从工作流的起始状态开始,说明随工作流变化发送的活动或动作状态。

(3) 确定迁移(动作流)。找出连接这些活动状态或动作状态的迁移。优先处理顺序流的状态迁移,其次处理条件分支状态迁移,最后考虑(并发和同步)分劈、接合状态迁移。

(4) 确定工作流中涉及的重要对象,加入活动图中,将其连接到相应的动作状态和活动状态,形成对象流。

(5) 对建立的模型进行精化和细化。

在本节中我们继续选取第4章和第5章中的两个案例作为实践对象,在完成用例建模、对象类建模的基础上,对系统进行动态建模,创建相应的时序图、协作图、状态图和活动图等。

6.7.1 案例一 电子投票系统的动态建模

以"投票者投票"用例和"投票者身份验证"用例为例,介绍如何去创建系统的时序图、协作图和活动图。首先创建时序图,从一个很简单的"投票者投票"用例开始分析,如图6-30所示。

图6-30 "投票者投票"用例图

1）创建时序图

（1）确定工作流程。

① 投票者希望通过系统为某职位的候选人投票。

② 投票者通过身份验证进入系统界面。

③ 系统界面向数据库访问层请求获取投票职位信息。

④ 数据库访问层加载投票职位信息。

⑤ 数据库访问层将投票职位信息供给系统界面。

⑥ 系统界面将投票职位信息显示出来。

⑦ 投票者选择投票职位信息。

⑧ 系统界面向数据库访问层请求获取投票候选人信息。

⑨ 数据库访问层加载并获取投票候选人信息。

⑩ 数据库访问层将投票候选人信息供给系统界面。

⑪ 系统界面将投票候选人信息显示出来。

⑫ 投票者投票。

⑬ 系统界面将投票信息传递给数据库。

⑭ 数据库根据投票信息将投票信息记入投票结果。

⑮ 系统界面将投票职位信息再次显示出来。

⑯ 重复流程⑦～⑮，直至每个职位都投过票或者投票者提出"查看投票结果"。

⑰ 系统界面加载投票结果。

⑱ 系统界面将投票结果以一屏信息显示出来。

在这些基本的工作流程中还存在分支，可使用备选过程来描述。以下选取两个备选过程进行描述。

备选过程 A：投票结束后，投票者向投票系统发出"查看职位竞选信息"请求。

① 数据访问层返回职位竞选信息。

② 系统界面将职位竞选信息显示出来。

备选过程 B：投票结束后，投票者向投票系统发出"修改投票"请求。

① 系统界面翻屏返回先前显示的职位竞选信息界面。

② 投票者选择投票职位信息。

③ 系统界面向数据库访问层请求获取投票候选人信息。

④ 数据库访问层加载并获取投票候选人信息。

⑤ 数据库访问层将投票候选人信息供给系统界面。

⑥ 系统界面将投票候选人信息显示出来。

⑦ 投票者投票。

⑧ 系统界面将投票信息传递给数据库。

⑨ 数据库根据投票信息将投票信息记入并覆盖投票结果。

⑩ 系统界面将投票结果以一屏信息显示出来。

（2）确定对象。

从左到右布置该工作流程中所有的参与者和对象，包含要添加消息的对象生命线，如图 6-31 所示。

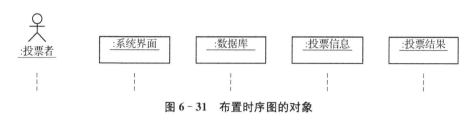

图 6-31　布置时序图的对象

（3）确定消息和条件。

对系统的基本工作流程进行建模，按照消息的过程将消息绘制在时序图中，并添加适当的脚本绑定到消息中，如图 6-32、6-33 和 6-34 所示。

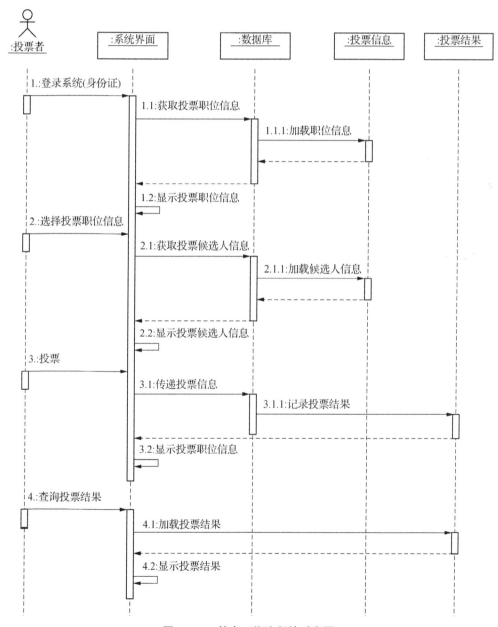

图 6-32　基本工作流程的时序图

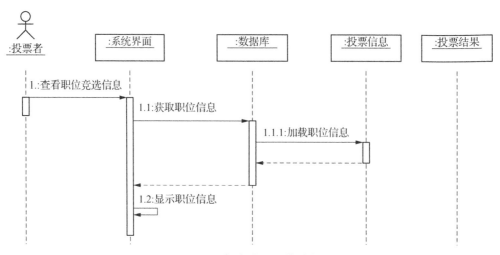

图 6-33　备选过程 A 的时序图

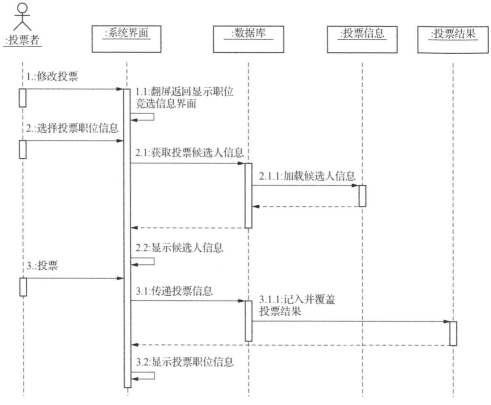

图 6-34　备选过程 B 的时序图

2）创建协作图

协作图与时序图的创建相似，下面以"投票者投票"用例为例，介绍如何创建系统的协作图。

（1）确定协作图的元素。

根据已经描述的用例可以确定需要"投票者"、"系统界面"、"数据库"、"投票信息"和"投票结果"对象,如图 6-35 所示。

（2）确定元素之间的结构关系。

确定这些对象之间的连接关系,使用链接和角色将这些对象连接起来,如图 6-36 所示。

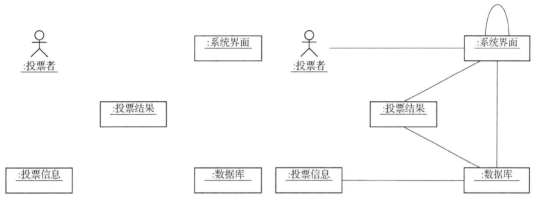

图 6-35　协作图的对象　　　　　　　图 6-36　对象之间的结构关系

（3）细化协作图。

将早期的协作图进行细化,结果如图 6-37 所示。

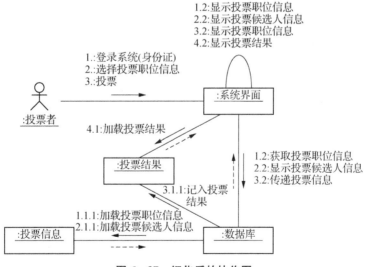

图 6-37　细化后的协作图

这里只举了一个用例的例子,其余的功能读者可以自己尝试用时序图或协作图描述过程并建模。下面创建状态图。

3）创建状态图

（1）确定主体。

在电子投票系统中,"投票者"类有明确的状态转换,可以在系统中为它创建状态图。

（2）确定起始状态、终止状态及主体在其生命周期中的各种稳定状态。

共有 4 个状态，如图 6-38 所示。

① 新的投票者：准备进行投票的新投票者。

② 可以投票：投票者为可投票状态，即未达到规定的投票次数。

③ 不可投票：投票者为不可投票状态，即已经达到规定的投票次数。

④ 非投票者：投票完成，投票者对象在系统中定义为删除状态。

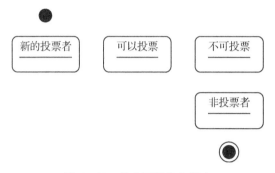

图 6-38　状态图的各个状态

（3）确定触发状态迁移的事件并附上必要的动作。

得到投票者的状态图如图 6-39 所示。

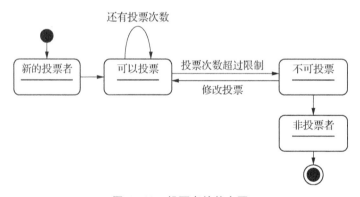

图 6-39　投票者的状态图

余下步骤在此省略。

4）创建活动图

下面以"投票者身份验证"用例为例，介绍如何创建系统的活动图。

（1）识别描述工作流的类或对象，此处可识别的业务对象包括投票者、系统界面和控制器，为其设置泳道，如图 6-40 所示。

投票者	系统界面	控制器

图 6 - 40 加入泳道的活动图草图

（2）确定范围（边界）和活动（动作）序列，在"投票者身份验证"用例中，投票者对象首先"点击投票"后，将"ID 传给控制器"，控制器获取投票者 ID 后进行处理，或返回无法投票提示信息，或允许投票者投票，并结束流程。

（3）确定迁移（动作流）：找出连接活动状态或动作状态的迁移。注意在建模过程中优先处理顺序流的状态迁移。其次处理条件分支状态迁移，最后考虑（并发和同步）分劈、接合状态迁移。"投票者身份验证"用例中，控制器获取投票者 ID 后，并发处理两个流程：一是查询过滤表，判断是否为过滤 IP，同时判断是否为重复 ID，只有两个判断都为"否"时，才进入显示选项表，开始投票，否则无法投票，如图 6 - 41所示。

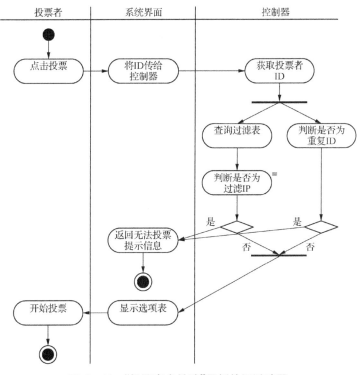

图 6 - 41 "投票者身份验"用例的证活动图

（4）确定工作流中涉及的重要对象，加入活动图中，将其连接到相应的动作状态和活动状态，形成对象流，本例中加入的是"过滤表"对象，其对象流用虚线箭头表示，如图 6 - 42所示。

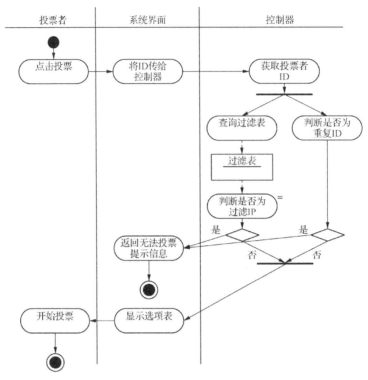

图 6 - 42　加入对象流的活动图

余下步骤省略。

这里只举了两个例子,其余功能请读者自己尝试着用状态图和活动图描述过程并建模。

6.7.2　案例二 某高校艺术类招生考试管理系统的动态建模

下面以"信息录入员处理考生文化成绩"用例(如图 6 - 43 所示)为例,介绍如何创建系统的时序图和协作图。

图 6 - 43　"信息录入员处理考生文化成绩"用例图

1) 创建时序图

(1) 确定工作流程。

① 信息录入员通过身份验证进入系统界面。

② 系统界面向数据库访问层请求考生信息。

③ 数据库访问层加载考生信息。

④ 数据库访问层将全部考生信息供给系统界面。

⑤ 系统界面将全部考生信息显示出来。

⑥ 信息录入员选择考生信息并录入成绩。

⑦ 系统界面传递考生成绩。

⑧ 重复流程⑥～⑦，直至录入完所有考生成绩。

⑨ 信息录入员核对考生成绩。

⑩ 系统界面向数据库访问层请求考生信息。

⑪ 数据库访问层加载考生信息。

⑫ 数据库访问层根据考生信息获取分数信息。

⑬ 数据库访问层将学生信息和分数信息提供给系统界面。

⑭ 系统界面将学生信息和分数信息显示出来。

在这些基本的工作流程中还存在分支，可使用备选过程来描述。以下选取一个备选过程进行描述：

备选过程 A：该考生没有成绩。

① 数据访问层返回成绩为空。

② 系统界面提示没有该考生的成绩。

（2）确定对象。

从左到右布置在该工作流程中所有的参与者和对象，包含要添加消息的对象生命线，如图 6 - 44 所示。

图 6 - 44　布置时序图的对象

（3）确定消息和条件。

对系统的基本工作流程进行建模，按照消息的过程将消息绘制在时序图中，并添加适当的脚本绑定到消息中，如图 6 - 45 和图 6 - 46 所示。

2）创建协作图

协作图与时序图的创建相似，下面创建系统的协作图。

（1）确定协作图的元素。

根据已经描述的用例可以确定需要"投票者"、"系统界面"、"数据库"、"投票信息"和"投票结果"对象，如图 6 - 47 所示。

（2）确定元素之间的结构关系。

确定这些对象之间的连接关系，使用链接和角色将这些对象连接起来，如图 6 - 48 所示。

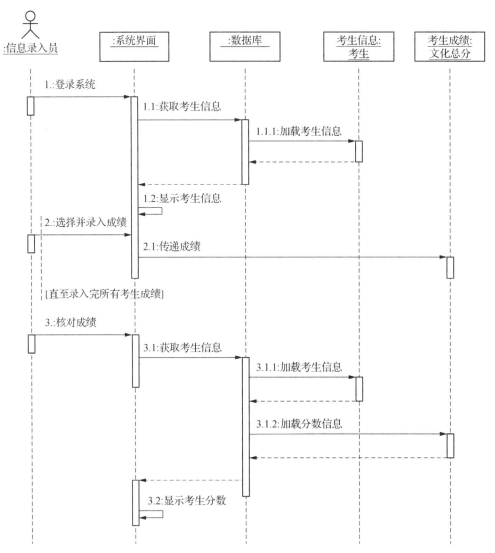

图 6‑45　基本工作流程的时序图

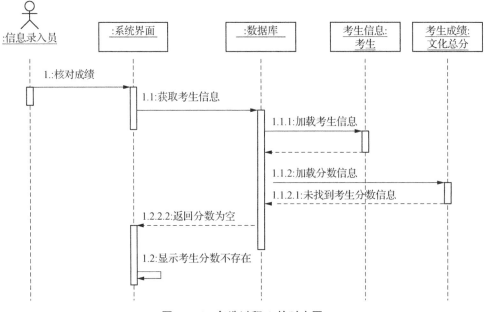

图 6‑46　备选过程 A 的时序图

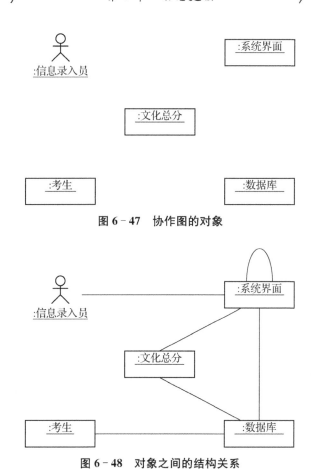

图 6－47　协作图的对象

图 6－48　对象之间的结构关系

（3）细化协作图。

将早期的协作图进行细化，结果如图 6－49 所示。

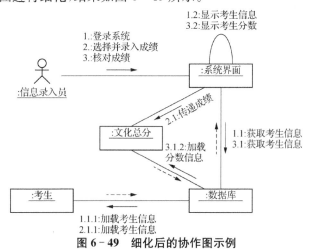

图 6－49　细化后的协作图示例

这里只举了一个用例的例子，其余时序图和协作图读者可以自己尝试着描述其过程并
画出来。

6.8　本章小结

面向对象方法中的动态建模用来描述系统的动态行为。动态行为描述了对象通过通信进行协作的行为以及对象在系统运行期间不同时刻的动态交互。支持动态建模的图主要包括时序图、协作图、状态图和活动图,这4种图分别从不同的角度对系统的动态行为进行描述,在具体分析和设计中,开发人员需要灵活选用。

对象间的动态交互是通过对象间消息的传递来完成的。4种动态模型图中均用到消息这个概念,它是动态建模中最重要的元素。消息分为简单消息、同步消息、异步消息和返回消息4种。

时序图和协作图都用来描述对象间的交互关系,但侧重点不一样。时序图着重体现交互的时间顺序,协作图则着重体现交互对象间的结构组织,显示对象、对象之间的链接以及对象之间的消息。

状态图描述的是一种行为,它说明具体某一个对象在它的生命周期中响应事件所经历的状态序列以及它们对那些事件的响应。

活动图用来表示完成一个操作所需要的活动,或者一个用例实例(场景)的活动。活动图在本质上类似于传统结构化方法中的流程图,不同之处在于活动图能够展示并发和控制分支。

6.9　思考与练习

(1) 描述对象交互行为的有哪几种图?

(2) 时序图的作用和特点是什么?

(3) 协作图的作用和特点是什么?

(4) 根据自己的理解,绘制出时序图:"合同管理员"行为者向"购进合同管理数据库"对象发出简单消息"增加购进合同"。"购进合同管理数据库"对象收到消息后,发出简单消息"构造新购进合同",创建一个"购进合同"对象。"购进合同管理数据库"对象向自己发出简单消息,将新创建的"购进合同"对象存入"购进合同管理数据库"对象。"购进合同管理数据库"对象向"合同管理员"行为者发送返回消息和返回值,工作进程结束。

(5) 根据自己的理解,绘制出时序图:当一台计算机接收到请求打印文件的消息后,立即向"打印机服务器"对象发送"打印文件"消息。"打印机服务器"对象接收到消息后,同时发出两条消息:一条发送给"打印机"对象,如果打印机空闲,则打印文件;另一条发送给"队列"对象,如果打印机忙,则该文件存储到指定存储器中排队等候,当打印机有空闲时,再按文件排队的先后顺序依次打印。

(6) 根据下面处理销售合同的协作图,绘制出对应的时序图。

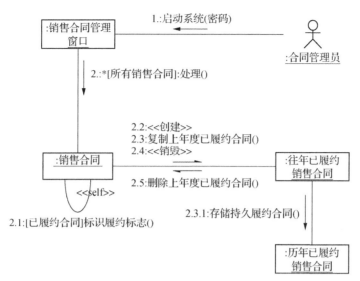

图 6－50 第(6)题图

（7）什么是状态图？状态图由哪几部分组成？

（8）引发状态转移的事件有哪些？

（9）简述状态图建模的一般步骤。

（10）什么是活动图？活动图与流程图的区别是什么？

（11）简述活动图的组成元素。

（12）什么是泳道？简述泳道的作用。

（13）简述活动图建模的一般步骤。

第 7 章   实现建模

在面向对象系统分析与设计中,UML 被用于从逻辑和物理两方面来分别建模,描述系统中软件和硬件的组成。逻辑建模涉及系统的功能,常常采用包图进行分类描述,每个包可以用类、对象及它们的内部协作来描述。用例建模、静态建模和动态建模均属于逻辑体系结构建模的范畴,都可在被划分到的对应包图里面,表示某一个子系统内的分析和设计。

从实现的角度进行建模,涉及文件系统和支持软件的相关硬件的组织结构,包括不同的节点和这些节点之间的连接方式,以及图示软件模块(逻辑体系结构)和物理结构的依赖关系,因此也常常被称为物理体系结构建模。UML 中用构件图和部署图来描述系统在实现过程中的建模。

本章主要介绍 UML 中构件图、部署图的语法定义以及它们在系统实现建模中的应用举例。

❖ 学习目标

- 了解系统逻辑模型的组成
- 了解系统实现模型的组成
- 掌握 UML 中构件和构件图的描述方法
- 了解源代码构件、二进制代码构件和可执行代码构件的区别
- 掌握 UML 中部署图的描述方法
- 掌握部署图中节点、构件和对象之间的关系

7.1 逻辑建模和实现建模

7.1.1 逻辑建模

逻辑建模,又称逻辑体系结构建模,涉及系统的功能,它把功能分配到系统的不同部分并详细地指明解决方案是如何工作的。

一个复杂系统由很多个模型元素组成,如对象类、结点、构件、接口、图等,这些模型元素之间又有很多关联,形成一个复杂的网络。为了清晰、简洁地描述一个复杂的系统,通常把

它分解成若干较小的系统(子系统)。形成一个描述系统的结构层次,将复杂问题简单化。在 UML 中使用了"包"的概念,一个包相当于一个子系统。关于包的定义和语法,本书 5.6 节中已有详细介绍,这里做一个简要复习和应用。

包是 UML 的模型元素之一,包可以包含其他包和模型元素。包之间可以有关联,形成依赖关系。包是一种分组机制,它把一些模型元素组织成语义上相关的组,包中拥有或涉及的所有模型元素叫做包的内容。作为模型组织的分组机制,包的实例是没有意义的,因此包仅在建模时有用而不需要转换成可执行的系统。在 UML 中通常采用包的概念来描述逻辑结构。

在系统设计中,逻辑模型的作用是:

(1) 指出系统应该具有的功能。

(2) 指出为完成这些功能要涉及哪些类,这些类之间如何相互联系。

(3) 说明类和它们的对象如何协作才能实现这些功能。

(4) 指明系统中各功能实现的先后顺序。

(5) 根据逻辑体系结构模型,制定出相应的开发进度计划。

例如图 7-1 描述了一个常用的三层结构(界面层、业务对象层、数据库层)的通用逻辑体系结构。

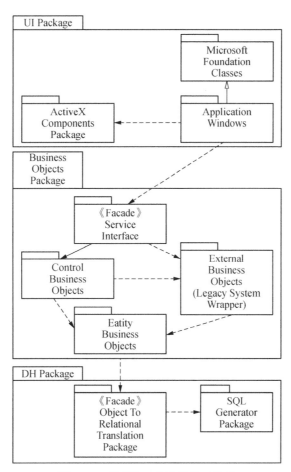

图 7-1 通用的三层逻辑体系结构

每一层的每个包还可以展开,分成更小的包,在基础(不可再分)包中用类和它们的内部协作来进行详细的描述。

7.1.2 实现建模

实现建模,涉及系统的详细描述(系统所包含的硬件与软件),因此被包含在物理体系结构建模中。它显示了硬件的结构,包括不同的节点(如处理器、设备等)以及这些节点之间如何连接,它还显示了代码模块(这些代码模块实现了逻辑体系结构中定义的概念)的物理结构和依赖关系,并展示了进程、程序、构件等软件在运行时的物理分配。

UML 提供两种实现模型的描述图:构件图和部署图。构件图描述系统中不同物理构件及其相互之间的联系,表达系统代码本身的结构。部署图由节点构成,节点代表系统的硬件,构件在节点上驻留并执行。部署图描述系统软件构件与硬件之间的关系,表达的是运行时的系统结构。

在系统设计中,实现模型的作用是:

(1) 指出系统中的类和对象在物理上位于哪个程序或进程。

(2) 程序或进程依赖哪台具体计算机运行。

(3) 标明系统中配置的计算机和其他硬件设备。

(4) 指明系统中各种计算机和硬件设备如何进行连接。

(5) 明确不同的代码文件之间的相互依赖关系。

(6) 当一个文件被改变时,标明哪些相关文件需要重新编译。

构件图和部署图可以用来进行业务建模:用构件图描述业务过程,用部署图描述业务活动中的组织机构和资源。

7.2 构件和构件图

构件图描述构件以及构件之间的相互依赖关系。构件是逻辑体系结构(类、对象、它们之间的关系和协作)中定义的概念和功能在物理体系结构中的实现。构件图通常是开发环境中的实现文件。

构件图中通常包含 3 种元素:构件、接口和依赖关系,如图 7-2 所示。每个构件实现一些接口并使用一些接口。如果构件间的依赖关系与接口有关,那么可以被具有同样接口的其他构件所替代。

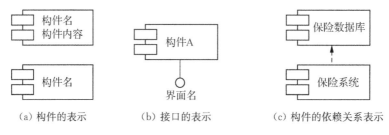

(a) 构件的表示   (b) 接口的表示   (c) 构件的依赖关系表示

图 7-2 构件图的元素

7.2.1 构件的定义和种类

构件(Component)是定义了良好接口的物理实现单元,是系统中可替换的物理部件。一般情况下,构件表示将类、接口等逻辑元素打包而形成的物理模块。

在 UML 中,构件用一个左侧带有两个突出小矩形的矩形来表示,如图 7-3 所示。

图 7-3 构件的图形表示

构件在很多方面与类相同:两者都有名称,都可以实现一组接口,都可以参与依赖关系,都可以被嵌套,都可以有实例,都可以参与交互。但是类和构件之间也存在着本质差别:类描述了软件设计的逻辑组织和意图,而构件则描述软件设计的物理实现。也就是说,每个构件体现了系统设计中特定类的实现。

构件的名称有两种:简单名和路径名。其中,简单名只有一个简单地名称,如图 7-3 所示的构件使用的就是简单名;路径名是在简单名的前面加上构件所在包的名称。通常,UML 图中的构件只显示其名称,但是也可以用标记值或表示构件细节的附加栏加以修饰,如图 7-4 所示。

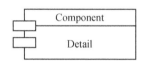

图 7-4 带有构件细节的构件示例

在 UML 中,软件构件可分为源代码构件、二进制代码构件和可执行程序构件等。

1) 源代码构件

也称为编译时构件,它是实现一个或多个类的源代码文件,二进制代码构件和可执行程序构件都是由源代码构件经编译后产生的。源代码构件上可标明如下符号:

(1)《file》:表示包含源代码的文件。

(2)《page》:表示 Web 页面。

(3)《document》:表示文档(不是可编译代码)。

2) 二进制代码构件

也称为链接时构件,它是源代码构件经编译后产生的目标代码。它可以是编译一个源代码构件而产生的目标代码文件,也可以是编译一个或多个源代码构件而产生的静态库文件、动态库文件等。二进制代码构件上也可标明一些符号,例如可以用《library》指出构件的静态库或动态库。

3) 可执行程序构件

也称为运行时构件,它是系统执行时使用的构件,可以从二进制代码构件产生,也可直接从源代码构件产生。可执行程序构件上可标明如下符号:

(1)《application》:表示一个可执行程序。

(2)《table》:表示一个数据库表(它也可看作运行时使用的构件)。

(3)《Applet》:表示一个小应用程序构件。

7.2.2 构件图

在 UML 中,构件图是系统实现视图的图形表示,主要用于建立系统的静态实现视图模型,通过构件之间的依赖(虚箭线)关系描述系统软件的组织结构,展示系统中的不同物理构件及其之间的联系。构件图中的构件没有实例,只有在部署图中才能标识构件的实例。

在 UML 中,构件图有以下作用:

(1) 对源代码文件之间的关系建模,如图 7 - 5 所示。

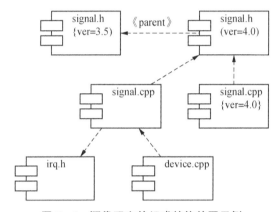

图 7 - 5 源代码文件组成的构件图示例

① 识别出感兴趣的相关源代码文件的集合并把它们建模为构件。

② 对于较大的系统,利用包来进行分组。

③ 通过约束来表示源代码的版本号、作者和最后修改日期等信息。

④ 用依赖关系来表示文件间编译的关系。

(2) 对可执行文件之间的关系建模,如图 7 - 6 所示。

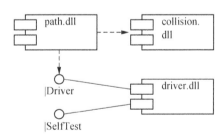

图 7 - 6 可执行文件组成的构件图示例

① 识别要建模的构件集合。

② 考虑集合中各构件的不同类型。

③ 分析集合中每个构件之间的关系。

构件图一般用于面向对象系统的物理方面建模,建模的时候要找出系统中存在的组件、接口以及组件之间的依赖关系。具体的建模步骤如下:

（1）对系统中的构件建模。

（2）对相应构件提供的接口建模。

（3）对构件之间的依赖关系建模。

（4）将逻辑设计映射成物理实现。

（5）对建模的结果进行精化和细化。

7.3　部署图

部署图（Deployment diagram）也称配置图、实施图，是对 OO 系统进行物理方面建模的图。部署图用来显示系统中计算节点的拓扑结构和通信路径与节点上运行的软件构件等。一个系统只有一个部署图，通常用于理解分布式系统。部署图由体系工程师、网络工程师、系统工程师等描述。

部署图可以按照一般形式和实例形式出现：一般形式的部署图描述节点类型，实例形式的部署图描述了由这些类型描述的节点实例的具体配置。

7.3.1　节点

节点（Node）是在运行时表示计算资源的物理元素。它通常拥有一些内存，并具有处理能力。节点的确定可以通过查看对实现系统有用的硬件资源来完成，这需要从能力和物理位置两方面来考虑。

在 UML 中，节点用一个立方体来表示，如图 7-7 所示。节点既可以看作类型，也可以看作实例，当节点被看作实例时，节点名应有下划线。

图 7-7　节点的表示方法

每一个节点都必须有一个区别于其他节点的名称。节点的名称是一个字符串，位于节点图标的内部。在实际应用中，节点名称通常是从现实的词汇表中抽取出来的短名词或名词短语。节点名称有两种：简单名和路径名。如图 7-7 所示的节点使用的就是简单名，而路径名是在简单名的前面加上节点所在包的名称，如图 7-8 中左图所示。通常，UML 图中的节点只显示名称，但也可以用标记值或表示节点细节的附加栏加以修饰，如图 7-8 中右图所示。

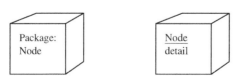

图 7-8　用路径名和节点细节表达的节点

在实际的建模过程中,可以把节点分为两种:处理器和设备。

1) 处理器

处理器是能够执行软件,具有计算能力的节点,如服务器、工作站等。在 Rational Rose 中,处理器符号如图 7-9 中左图所示。对处理器的描述往往应包含处理器的调度(Scheduling)和进程(Process)。处理器的调度方式有抢占式、无优先方式、循环调度、用算法调度和手动调度等多种。在 Rational Rose 中建模的时候可以指定调度方式,默认为抢占式。

2) 设备

设备是没有计算能力的节点,通常情况下都是通过其接口为外部提供某种服务。在 Rational Rose 中,设备的符号如图 7-9 中右图所示。注意,处理器和设备节点的符号略有不同,很多建模中并不刻意区分处理器和设备,可以统一地用一个立方体表示。

图 7-9　处理器节点和设备节点在 Rational Rose 中的表示方法

7.3.2　节点之间的联系

节点与节点之间通过物理连接发生关联,以便从硬件方面保证系统各节点之间的协同运行。节点之间、结点与构件之间的联系包括通信关联、依赖联系等。

1) 通信关联

节点通过通信关联相互连接。连接用一条直线表示,它指出节点之间存在着某些通信路径,并指出通过哪条通信路径可使这些节点交换对象或发送信息。在连接线上可附加诸如通信协议《TCP/IP》或网络《Ethernet》等符号,以指明遵循的通信协议或所使用的网络。常用的通信协议还有 HTTP、JDBC、ODBC、RMI、RPC、Web Service 等。

❖ **案例学习**

◎ 如图 7-10 所示是一个考勤系统的部署图,共有 3 个节点:客户端、服务器和 IC 卡读卡器。

图 7-10　节点间的通信联系

IC 卡读卡器:提供给员工刷卡用,收集刷卡的时间信息,传给应用系统并存入数据库中。

应用服务器:负责从 IC 卡读卡器中收集信息,并为管理人员提供员工设置、考勤查询等功能。

数据库服务器:用来存储考勤数据,由于该系统比较小,因此在物理上可以与应用服务器合并。

客户端:提供给管理人员使用,连接应用服务器,完成相应操作。

2) 依赖关系

驻留在某一个节点上的构件或对象与另一个节点上的构件或对象之间发生的联系被称为依赖关系。依赖关系分为两种:同一节点上构件与节点的支持依赖关系,以构造型《supports》声明,其实现是该构件驻留在这个节点上;分布式系统中不同节点上驻留构件或对象之间迁移的"成为"依赖关系,以构造型《becomes》声明。依赖关系用虚箭线表示。

❖ 案例学习

◎ 如图 7-11 所示的考勤系统的部署图是对图 7-10 的细化,驻留在服务器节点上的构件之间存在依赖关系。

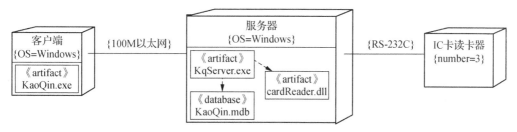

图 7-11 部署图中的依赖联系

客户端:需使用 Windows 操作系统,安装客户端软件(假设名为 KaoQin. exe)。

服务器:包含一个用 Delphi 开发的服务器端软件(设为 KqServer. exe),它需要与 Access 数据库交互(设为 KaoQin. mdb),并且需要通过 IC 卡读卡器的驱动程序(假设名为 cardReader. dll)实现与 IC 卡读卡器的通信,因此表现为依赖关系。

IC 卡读写器:对于本系统而言,它是不执行构件的设备,不过为方便员工安装了 3 个。

7.3.3 建立部署图的步骤

利用节点可以对单机式、嵌入式、客户机/服务器式和分布式网络系统的拓扑结构中的处理器和设备建模。在实际应用中,并不是所有的软件开发项目都需要绘制部署图。如果要开发的软件系统只需要运行在一台计算机上,且只使用此计算机上已经由操作系统管理的标准设备,那么就没有必要绘制部署图。但是,如果要开发的软件系统需要使用操作系统之外的设备,或者系统中的设备分布在多个处理器上,就必须绘制部署图以帮助开发人员理解系统中软件和硬件之间的映射关系。

部署图一般用于对系统的实现视图建模,建模的时候要找出系统中的节点以及节点之间的关联关系。具体的建模步骤如下:

（1）对系统中的节点建模。

（2）对节点之间的关联关系建模。

（3）对驻留在节点上的构件建模。

（4）对驻留在节点上的构件之间的依赖关系建模。

（5）对建模的结果进行精化和细化。

7.4 案例分析

本节继续以前面的电子投票系统为例，介绍如何创建对应的构件图和部署图，完成实现建模。

UML 视图的核心是用例建模，因此我们仍然由用例出发，根据用例或场景确定需求，再将静态建模、动态建模中的逻辑元素逐步映射为构件。我们选取一个最重要的用例"投票"来举例，其用例图如图 7-12 所示。系统还有另一个重要行为者是监督员，其所对应的用例及相关建模请读者参考以下建模过程自行练习。

图 7-12　投票者投票用例

第 4 章中已对投票用例做了详细描述，具体需求包括投票、确认投票者身份、查看竞选信息、查看投票结果、修改投票等。

该系统拟用 Struts 框架实现，其最大好处是实现了标准的 MVC 三层架构。从用例建模出发，结合静态建模情况，可以得到 4 个明显的业务构件，即职位信息、候选人信息、投票人信息和投票信息。这几个构件都被标识为 Java Bean 类型。

三个基本的界面构件，身份验证、查询信息和投票界面，被标识为 Html ＋ CSS 类型。注意，修改投票的功能可以与投票功能在同一个界面构件复用，因此不再单独列出。

投票用例中的几个核心功能，包括确认投票者身份、查看竞选信息、投票、查看投票结果、修改投票等，均设计由一个控制构件"投票处理"来实现，该构件被标识为 Struts Action 类型。

由此得到的系统构件如图 7-13 所示。

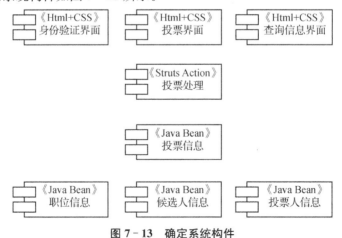

图 7-13　确定系统构件

进一步分析,该构件还需依赖一个数据库管理构件实现具体的数据库操作功能。将这个数据库管理构件命名为 DB Manager,该构件需要依赖已有的 JDBC 构件来操作 MySQL 数据库。

最后,定义一下各个构件之间具体的依赖关系。首先,三个界面构件都必须依赖于投票处理构件以实现其构件定义的功能,并且投票界面构件还必须依赖于身份验证界面构件(用户必须验证身份后才能投票,但查询信息并不一定需要验证身份)。其次,投票处理构件需要依赖投票信息构件,这是因为投票信息是系统处理的核心业务对象。由静态建模可以知道,投票信息与职位、候选人、投票人之间有关联关系,因此在构件图中也要标识出对应的依赖关系。

最终得到的构件图如图 7-14 所示。

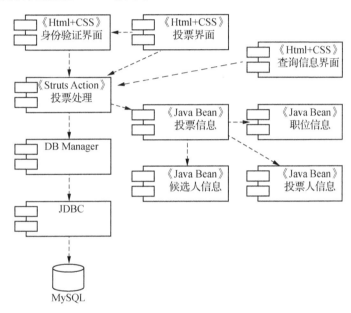

图 7-14　添加了依赖关系的构件图

接下来设计该系统相应的部署图。根据系统的需求,将投票机定义为一个服务器节点,监督者通过特定的客户机节点操作投票机服务器,完成启动和加载数据等功能,此部分设计为 C/S 结构。投票者通过普通 PC 上的浏览器登录投票机服务器投票,此部分设计为 B/S 结构。为保证数据安全,还应设计独立的数据库服务器节点,因此该系统为一个典型的三层架构。更具体地说,这属于一个"内外有别"的异构模型(本书 9.7 节中将详细介绍)。系统中的节点用 UML 图表示如图 7-15 所示。

然后,添加节点之间的链接,如图 7-16 所示。

(1)投票客户机为普通的连入 Internet 的 PC,通过 HTTP 协议与投票机服务器通信。

(2)监督客户机通过局域网与投票机服务器相连,注意,监督客户机上需安装独立的客户端构件以保证安全。

(3)投票机服务器通过 JDBC 与数据库服务器连接。

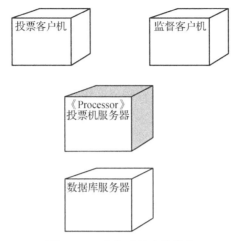

图7－15 定义系统中的节点

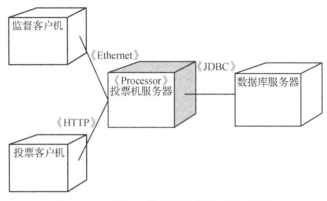

图7－16 添加了节点间关联关系的部署图

7.5 本章小结

本章依据前几章建立的逻辑体系结构,包括用例模型、静态模型和动态模型等,在文件系统和硬件的支持下建立模型,也就是设计系统的实现模型。主要考虑支持逻辑模型的文件系统和支持软件运行的相关硬件的组织结构,包括不同的节点和这些节点之间的连接方式,UML中用构件图和部署图来描述。

构件图描述系统的不同物理构件及其相互之间的联系,表达系统代码本身的结构。构件在很多方面与类相同,最大的差别在于类描述了软件设计的逻辑组织和意图,而构件则描述软件设计的物理实现。构件之间的关系主要是依赖关系。

部署图由节点构成,节点代表系统的硬件,构件在节点上驻留并执行。部署图重点描述的是系统软件与硬件之间的关系,且表达的是运行时的系统结构。节点通过通信关联相互连接。

7.6 思考与练习

（1）构件有哪些种类？

（2）部署图的组成成分是什么？

（3）什么是节点？简述其表示的意义。

（4）说明节点之间的联系方式。

（5）在绘制构件图和部署图时，为什么要解决它们的结构层次问题？如何解决？

（6）根据一个客户的软件系统从 C＋＋源代码构件编译成相应的二进制代码（目标码）构件，最后通过链接成为可执行程序的过程，尝试画出一个构件图，表达源代码和可执行程序之间的实现模型。

① 三个源代码构件"main.cpp"、"comhnd.cpp"和"whnd.cpp"共同构成一个完整的客户软件源代码程序。这三个构件中，"main.cpp"构件需依赖（即调用）"comhnd.cpp"构件和"whnd.cpp"构件才能达到系统要求的完整功能。

② 这三个源代码构件分别经过编译产生相应的三个二进制代码构件："main.obj"构件、"comhnd.obj"构件和"whnd.obj"构件，这三个二进制代码构件依赖于对应的三个源代码构件才能产生。

③ 三个二进制代码构件经过链接，形成一个可执行程序构件"client.exe"。可执行程序构件"client.exe"的产生依赖于对应的三个二进制代码构件；同时，它在执行过程中还要调用动态链接库"graphic.dll"才能完成系统要求的功能（动态链接库可用注释节点表示）。

（7）图 7-17 是一个简单的销售管理系统的部署图。请从该部署图出发，解释模型所表达的含义。

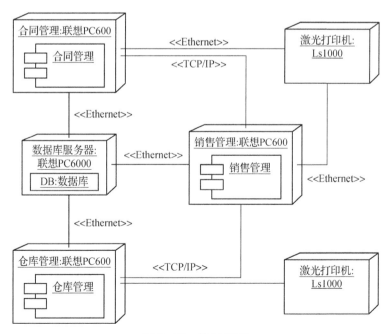

图 7-17　第(7)题图

第8章　软件体系结构概述

本章将系统地讨论软件体系结构的相关概念、风格、建模方法和应用实例。

软件体系结构是有关软件系统如何组织的描述。体系结构影响了系统的性能、安全性和可用性。软件工程师可以在给定的体系结构类型中使用不同的体系结构风格和模式,而不同的模式描述了不同的系统类别、构件、连接件及约束。

软件体系结构脱胎于软件工程,但其形成同时借鉴了计算机体系结构和网络体系结构中很多宝贵的思想和方法。最近几年软件体系结构研究已完全独立于软件工程的研究,成为计算机科学的一个最新的研究方向和独立学科分支。

软件体系结构有 4 个角度,分别从不同方面对系统进行描述:

(1) 概念角度,描述系统的主要构件及它们之间的关系。

(2) 模块角度,包含功能分解与层次结构。

(3) 运行角度,描述了一个系统的动态结构。

(4) 代码角度,描述了各种代码和库函数在开发环境中的组织。

❖ 学习目标

- 理解软件体系结构的概念和作用
- 了解软件体系结构的演化过程
- 了解软件体系结构的描述方法
- 理解基于构件的动态软件体系结构和 Web 服务体系结构

8.1　软件体系结构的描述

目前,对于软件体系结构的描述很大程度上还是停留在非形式化阶段,依赖于软件设计师个人的经验和技巧。要实现形式化、规范化的软件体系结构描述,去除非形式化的过程是第一步,即在非形式化的过程中逐步提取一些形式化的标记和符号,将它们标准化,从而完成软件体系结构设计、描述等的形式化。

8.1.1　软件体系结构的描述方法

IEEE 计算机协会于 2000 年 9 月通过了软件密集系统的体系结构描述推荐标准 IEEE

1471—2000,定义了软件体系结构描述的内容要求,包括:

(1) 功能性:指系统需要做什么。

(2) 性能:指在重度负载下系统将如何运转。

(3) 安全性:指系统是否有保护用户信息的足够能力。

(4) 可行性:指是否可以实现该系统。

IEEE 1471 还定义了软件体系结构描述的标准,包括:

(1) 体系结构设计的标识、版本、总体信息。

(2) 系统参与者的标识以及在体系结构中他们所关注方面的标识。

(3) 组织体系结构所选择的视点规格说明以及这种选择的基本原理。

(4) 一个或多个体系结构视图。

(5) 体系结构描述所需的成分之间不一致的记录。

(6) 体系结构选择的基本原理。

为满足上述要求,可以选用以下体系结构描述方法。

1) 图形表达工具

由于软件体系结构描述方法的非规范化,图形表达工具可以用类似于 UML 中的构件图来表达,由矩形框和有向线段组合而成,矩形框代表抽象构件,框内标注的文字为抽象构件的名称,而有向线段表示辅助各构件进行通信、控制或关联的连接件。

2) 模块内连接语言

指将一种或几种传统程序设计语言的模块连接起来的模块内连接语言(MIL)。由于程序设计语言和模块内连接语言具有严格的语义基础,因此它们能支持对较大的软件单元进行描述,如定义/使用和扇入/扇出等操作。

3) 基于软件构件的系统描述语言

将软件系统描述成一种由许多以特定形式相互作用的特殊软件实体构造组成的组织或系统。

这种表达和描述方式是一种较好的以构件为单位的软件系统描述方法。但是它所面向和针对的系统元素是一些层次较低的以程序设计为基础的通信协作软件实体单元,而且这些语言所描述和表达的系统一般而言都是面向特定应用的特殊系统。这使得基于软件构件的系统描述语言不是十分适合软件体系结构的描述和表达。

4) 体系结构描述语言(ADL)

指参照传统程序设计语言的设计和开发经验,重新设计、开发和使用针对软件体系结构特点的专门的体系结构描述语言(ADL)。

ADL 是在吸收了传统程序设计具有语义严格精确特点的基础上,针对软件体系结构的整体性和抽象性特点,定义和确定适合于软件体系结构表达与描述的有关抽象元素。

8.1.2 软件体系结构的描述语言

ADL 在底层语义模型的支持下,为软件系统的概念体系结构建模提供了具体语法和概念框架。ADL 的三个基本元素是构件、连接件、体系结构配置。

ADL 通常解决以下几个问题：

（1）软件行为规格说明。

（2）软件协议规格说明。

（3）连接件规格说明。

ADL 具备的特点有：

（1）简单，可理解性强。

（2）有一个具体的框架，能反映出 ADL 所描述的领域的特点。

（3）能清晰地对构件和连接件进行抽象建模。

（4）能清晰地对静态和动态的体系结构建模。

（5）具有层次化组织。

（6）具有映射行为的能力。

（7）支持可视化设计和分析工具。

主要的体系结构描述语言有 Aesop、MetaH、C2、Rapide、SADL、Unicon 和 Wright 等，尽管它们都描述软件体系结构，却有不同的特点。每一种 ADL 都以独立的形式存在，描述语法不同且互不兼容，例如：

（1）Aesop 支持体系结构风格的应用。

（2）MetaH 为设计者提供了关于实施电子控制软件系统的设计指导。

（3）C2 支持基于消息传递风格的用户界面系统的描述。

（4）Rapide 支持体系结构设计的模拟，并提供分析模拟结果的工具。

（5）SADL 支持关于体系结构描述的形式化基础。

（6）Unicon 支持异构的构件和连接类型，并提供了关于体系结构的高层编译器。

（7）Wright 支持体系结构构件之间交互的说明和分析。

这就使设计人员很难选择一种合适的 ADL 去解决所有问题，设计特定领域的软件体系结构往往需要运用不同的 ADL 从头开始分别描述，这就给实际运用带来了一定的困难。

8.2　动态软件体系结构

基于软件体系结构、构件的开发方法已经成为当前软件开发方法的主流。软件开发的基本单位已从传统的代码行、对象转变为各种粒度的构件，构件之间的拓扑形成了软件体系结构。

由于系统需求、技术、环境、分布等因素的变化而最终导致软件体系结构的变动，称为软件体系结构演化。当前软件开发中存在大量开放的、动态的环境（如 Web 环境、分布式环境等），这就要求设计出动态的软件体系结构，以适应动态的开放环境和多变的用户需求。

软件系统在运行时的体系结构变动称为体系结构的动态性。允许在系统运行时发生更新的软件体系结构称为动态软件体系结构。动态体系结构在系统被创建后可以动态地更新。

软件体系结构的变化包括由需求变更引起的变化和运行时体系结构的变化两类，需求变更引起的软件体系结构变化发生在设计阶段,称为静态体系结构变化。运行时体系结构的变化是指软件应用系统在运行之后,软件体系结构组成部分的构件、连接件、构成系统的规则还可以发生变化,且运行时就可以加载、卸载、扩充,不需要重新编译。

基于构件的动态系统结构模型支持运行系统的动态更新,分为应用层、中间层、体系结构层(图8-1)。

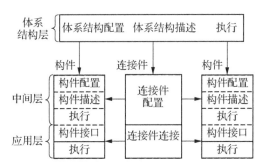

图8-1 基于构件的动态系统结构模型

在应用层,可以添加新的构件、删除或更新已经存在的构件;在中间层,可以添加版本控制机制和不同的构件装载方法;在体系结构层,可以更改和扩展更新机制,更改系统的拓扑结构,以及更改构件到处理元素之间的映射。在更新时,必要情况下将会临时孤立所涉及的构件。

8.3 Web 服务体系结构

在 Web 服务出现之前,分布式应用程序需要使用分布式对象模型,但是这些分布式对象模型有一个共同的缺陷,即难以扩展到互联网上。而 Web 服务是低耦合的,它通过诸如 HTTP、SMTP 以及发挥了核心作用的 XML 等在 Web 上广泛应用的标准协议来实现统一的连接,使人们转向基于消息的异步技术来实现具有高可靠性的系统。

Web 服务作为一种新兴的 Web 应用模式,是一种崭新的分布式计算模型,是 Web 上进行数据和信息集成的有效机制。Web 服务的技术核心基于可扩展标记语言 XML 的标准,主要是对一些已经存在的技术(HTTP、SMTP、XML)进行包装,是基于现有技术的整合。

一个完整的 Web 服务体系结构包括三种逻辑构件:服务提供者、服务代理和服务请求者。与 Web 相关的操作包括:发现、发布和绑定。

Web 服务开发生命周期可分为构建、部署、运行和管理4个阶段。构建阶段包括开发和测试 Web 服务的实现,定义服务接口描述和服务实现描述。部署阶段把 Web 服务的可执行文件部署到执行环境中。运行阶段服务提供者可向网络提供服务,服务请求者可以进行查找和绑定操作。管理阶段包括持续的管理和经营 Web 服务应用程序。

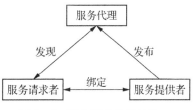

图8-2 Web 服务体系结构

Web 服务的技术系列称为 Web 服务栈。Web 服务要以一种可互操作的方式执行发布、发现和绑定操作，必须有一个包含每一层标准的 Web 服务栈。

Web 服务的核心技术包括：作为 Web 服务基础的 XML、简单对象访问协议、Web 服务描述语言以及统一描述、发现和集成协议。

8.4 软件产品线体系结构

软件产品线是一个适合专业软件开发组织的软件开发方法，能有效地提高软件生产率和质量，缩短开发时间，降低总开发成本。软件产品线的发展得益于软件体系结构的发展和软件重用技术的发展。产品线是由在系统的组成元素和功能方面具有共性和个性的相似的多个系统组成的一个系统族。软件产品线就是在一个公共的软件资源集合基础上建立起来的共享同一个特性集合的系统集合，由一个产品线体系结构、一个可重用构件集合和一个源自共享资源的产品集合组成，是组织一组相关软件产品开发的方式。

如图 8-3 所示，双生命周期模型定义了典型的产品线开发过程的基本活动、各活动内容和结果以及产品线的演化方法。应用工程将产品线资源不能满足的需求返回给领域工程以检验是否将其并入产品线的需求中。领域工程从应用工程中获得反馈或结合新产品的需求进入又一个开发周期。这种产品线方法综合了软件体系结构和软件重用的概念，在模型中定义了一个软件工程化的开发过程，目的是提高软件生产率、可靠性和质量，降低开发成本，缩短开发时间。

软件开发组织结构分为两个基本部分：负责核心资源的小组和负责产品的小组。体系结构组监控核心资源开发组和产品组以保证核心资源和产品能够遵循体系结构，同时负责体系结构的演化。配置管理组维护每个资源的版本。典型的产品线开发组织结构如图 8-4 所示。

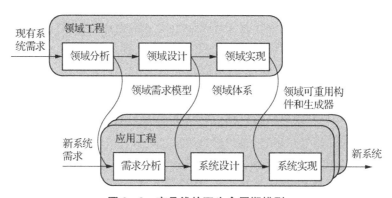

图 8-3 产品线的双生命周期模型

软件产品线的发展过程有三个阶段：开发阶段、配置分发阶段和演化阶段。产品线的演化包括产品线核心资源的演化、产品的演化和产品的版本升级。这样在整个产品线就出现了核心资源的新旧版本、产品的新旧版本和新产品等。它们之间的协调是产品线演化研究的主要问题。

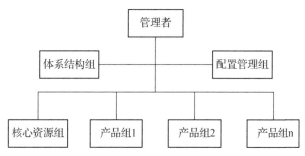

图 8-4 典型的产品线开发组织结构

　　软件产品线的基本活动包括产品线分析和产品开发。产品线分析活动是产品线的需求工程,是商业机遇的确认和产品线体系结构的设计之间的桥梁。产品开发活动取决于产品线范围、核心资源库、产品计划和需求的输出。

8.5 案例分析

　　企业资源计划(Enterprise Resource Plan,ERP)是一种庞大、复杂的信息化系统,传统的设计与开发模式已经不能满足其发展要求。本案例描述的是一个基于 Web 服务技术,按照面向服务的设计思想和开发模式,建立了包括系统入口、服务集成器、原子服务库和后台数据的 4 层体系结构,如图 8-5 所示。

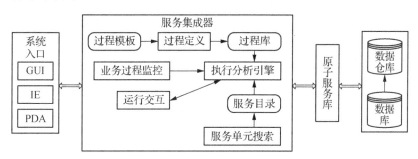

图 8-5 一个基于 Web 服务的 ERP 体系结构

　　1) 系统入口

　　ERP 系统作为企业信息化管理系统的集成平台,向用户提供单一的系统入口,该层可以是程序,也可以是网络浏览器以及其他任何能够访问服务的程序单元。

　　2) 服务集成器

　　服务集成器是整个系统的核心部分,它支持企业内部以及跨越整个价值链的业务过程模型的建立、执行和监控,并能够实时地与其他相关信息系统进行集成。在实际运行过程中,由系统自动调用相关的服务单元,这些对用户都是透明的。它用业务过程定义来驱动功能单元的执行,主要包括 5 部分功能:过程定义、执行分析引擎、业务过程监控、运行交互和服务单元搜索。

3）原子服务库

原子服务库是所有服务单元的集合，不仅包括 ERP 系统自身的服务单元，而且可以对其他信息系统的功能单元进行 Web 包装后所得的服务单元进行整合，从而迅速完成系统集成。

4）数据库与数据仓库

ERP 系统的后台数据库不仅要承担业务数据的日常操作，还需要建立起分析型环境，以便能够使用数据挖掘和联机分析处理技术对历史数据进行再综合、再处理，以更好地支持企业决策。

8.6 本章小结

软件体系结构描述软件系统如何组织，体系结构的设计将会影响系统的性能、安全性和可用性。软件工程师可以在给定的体系结构类型中使用不同的体系结构风格和模式。

描述体系结构的方法有图形表达工具、模块内连接语言和体系结构描述语言（ADL）等。ADL 在底层语义模型的支持下，为软件系统的概念体系结构建模提供了具体语法和概念框架。设计特定领域的软件体系结构往往需要运用不同的 ADL 从头开始分别描述。

由于系统需求、技术、环境、分布等因素的变化而最终导致软件体系结构的变动，称为软件体系结构演化。

允许在系统运行时发生更新的软件体系结构称为动态软件体系结构，动态体系结构在系统被创建后可以动态地更新。基于构件的动态系统结构模型分为应用层、中间层、体系结构层。

Web 服务作为一种新兴的 Web 应用模式，是一种崭新的分布式计算模型。一个完整的 Web 服务的体系结构包括服务提供者、服务代理和服务请求者这三种逻辑构件。与 Web 相关的操作包括发现、发布和绑定。

软件产品线体系结构指一个软件开发组织为一组相关应用或产品建立的公共体系结构。这种产品线方法综合了软件体系结构和软件重用的概念。

8.7 思考与练习

（1）什么是软件体系结构？

（2）软件体系结构有哪些描述方法？

（3）什么是软件体系结构演化？

（4）动态软件体系结构的定义和特征是什么？有什么应用价值？

（5）Web 服务体系结构产生的原因是什么？有什么特点？

（6）软件产品线体系结构是如何组织的？有什么优点？

第9章 软件体系结构风格

软件体系结构的设计关键是使用已有的组织结构模式,即软件体系结构风格(Architecture Style),这个概念在 20 世纪 90 年代被正式提出来。在软件开发的理论和工程实践中,开发者设计使用多种软件体系结构的描述方式,建立了描述软件设计的一些规范。进一步地,人们从已有的成功软件系统中抽取它的组织结构,形成一些可用于多个领域的体系结构模式和风格。

❖ 学习目标

- 理解软件体系结构风格的基本概念和使用软件体系结构风格的益处
- 了解几种经典的软件体系结构风格
- 掌握客户机/服务器结构和浏览器/服务器结构
- 理解公共对象请求代理、正交体系结构的设计思想和优点
- 了解异构软件体系结构
- 理解基于云计算的软件体系结构的特点

9.1 软件体系结构风格的定义

软件体系结构风格描述某一特定应用领域中系统组织方式的惯用模式,通常独立于实际问题。软件体系结构风格强调的是组织形式,它定义了一个系统家族,即一个体系结构定义了一个词汇表和一组约束。词汇表中包含一些构件和连接件类型,约束指出系统是如何将这些构件和连接件组合起来的。软件体系结构风格反映了领域中众多系统所共有的结构和语义特性,并指导如何将各个模块和子系统有效地组织成一个完整的系统。

软件开发设计中使用软件体系结构风格的益处有:

(1)可以提升设计的复用性。

(2)可以促进相关代码的复用。

(3)为开发者提供了通用的交流形式。

可以通过提出以下问题来确立和定义一个软件体系结构风格:

(1)该体系结构风格的构件和连接件的类型是什么?

（2）该体系结构风格中包含的结构模式是什么？

（3）该体系结构风格中根本的计算模型是什么？

（4）该体系结构风格基本的特点是什么？

（5）使用该体系结构风格的通用例子有哪些？

（6）使用该体系结构风格有什么优点和缺点？

（7）该体系结构风格的通用规格说明是什么？

就好像在建筑学中可以用"高层"、"小高层"、"多层"、"别墅"等风格来明确地描述建筑物类型，使大多数人获得关于建筑物的整体画面。确立软件体系结构风格，就是要求软件工程师确立软件开发的样板。

9.2 经典的软件体系结构风格

9.2.1 管道/过滤器风格

20 世纪 70 年代初，DougMcIlory 等人首次提出了管道/过滤器的概念并将其应用于 UNIX 最初版本当中。1996 年，Frank Buschmann、Mary Shwa 和 David Garlany 等人先后提出了管道/过滤器软件体系结构风格。

在管道/过滤器风格的软件体系结构中，每个构件都有一组输入和输出，构件首先读取输入的数据流，经过内部处理，产生输出数据流。这个过程通常通过对输入流的变换及增量计算来完成，所以在输入被完全消费之前，输出便产生了。过滤器与过滤器之间无需进行状态信息的交互，各过滤器不受其他任何过滤器的影响，无需知道它的输入管道和输出管道的存在，仅需要对输入管道和输入数据进行限制，就能保证在管道的输出数据流有相应的内容。

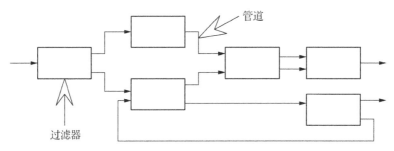

图 9 - 1　管道/过滤器风格的软件体系结构

在这种风格中构件被称为过滤器，连接件就像用于数据流传输的管道，将一个过滤器的输出传到另一个过滤器的输入。此风格特别重要的地方在于过滤器必须是独立的实体，不能与其他的过滤器共享数据，而且过滤器不知道它上游和下游的标识。

管道/过滤器风格的优点在于：

（1）将整个系统的输入和输出行为理解为单个过滤器行为的叠加与组合，可以将问题分解，化繁为简。

（2）任何两个过滤器,只要它们之间传送的数据遵守共同的规约就可以相连接。每个过滤器都有自己独立的输入/输出接口,如果过滤器间传输的数据遵守其规约,只要用管道将它们连接就可以正常工作。

（3）系统易于维护和升级。在管道/过滤器风格的软件体系结构中,只要遵守输入和输出数据的规约,任何一个过滤器都可以被另一个新的过滤器代替,也可为增强程序功能而添加新的过滤器。

（4）支持并发执行。每个过滤器作为一个单独的执行任务,可以与其他过滤器并发执行。过滤器的执行是独立的,不依赖于其他过滤器。

注意,管道/过滤器风格虽然不是按面向对象方法建立的,但是完全可以与面向对象思想结合起来,优化原有的体系结构。例如,可以先按照管道/过滤器风格建立系统的体系结构,然后应用面向对象的方法设计和实现具体的过滤器及管道。

9.2.2　基于事件的隐式调用风格

这种软件体系结构风格的基本思想是,构件不直接调用一个过程,而是触发或广播一个或多个事件。系统其他构件中的过程在一个或多个事件中注册,当一个事件被触发,系统自动调用这个事件中注册的所有过程。这样,一个事件触发就导致了另一模块中的过程的调用。系统中存在事件接收器和事件处理器,在某种消息机制的控制下,系统可以作为一个整体与环境相适应。系统中的子系统有自身的整体性和相对独立性,与其他子系统的联系是通过消息传递来完成的。在这种风格中构件是一些模块,既可以是一些过程,也可以是一些事件的集合。过程可以用通用的方式调用,也可以在系统事件中注册,当发生这些事件时,过程被调用。

基于事件的隐式调用风格的主要特点是事件的触发者并不知道哪些构件会被这些事件影响,不能假定构件的处理顺序,甚至不知道哪些过程会被调用。因此,许多隐式调用的系统也包含显式调用作为构件交互的补充形式。

基于事件的隐式调用风格的应用有:在编程环境中用于集成各种工具;在数据库管理系统中确保数据的一致性约束;在用户界面系统中管理数据;在编辑器中支持语法检查。如在某系统中,编辑器和变量监视器可以登记相应的Debugger断点事件。当Debugger在断点处停下时,它声明该事件由系统自动调用处理程序。Debugger本身只声明事件,并不关心哪些过程会启动,也不关心这些过程做什么处理。

基于事件的隐式调用风格的优点在于:

（1）便于重用。这是因为在任何属于同一类型的系统中,系统的高级管理子系统的描述是完全类似的。

（2）易实现并发处理和多任务操作。这是因为最高管理子系统牢牢地掌握着控制权,而各同级子系统一般不直接发生关系。

（3）具有良好的可扩展性。设计者只需为某个对象注册一个事件处理接口就可以将该对象引入整个系统,同时不影响其他的系统对象。

（4）类结构简明,代码简化。

基于事件的隐式调用风格也有其缺点,如构件削弱了自身对系统计算的控制能力、数据共享能力降低、系统中各个对象的逻辑关系变得更加复杂等。

基于面向对象模式的系统由多个封装起来的对象构成,对象之间通过消息传递实现通信,而事件驱动正是对消息传递机制的一种实现,因此基于事件的隐式调用风格的系统往往都是面向对象的。

9.2.3 分层风格

分层和独立是软件体系结构设计的一个基础,分层的软件体系结构风格可以很好地实现系统的分层性和独立性。分层风格的体系结构是将系统组织成一个层次结构,每一层既为上层服务,同时也拥有下层客户。在一些层次系统中,除了精心挑选的输出函数外,内部的层只对相邻的层可见,即第 j 层的服务仅被第 $j+1$ 层使用,与不相邻的层之间没有进一步的依赖关系。这样的系统中,构件在一些层实现了虚拟机。连接件通过决定层间如何交互的协议来定义,拓扑约束包括对相邻层间交互的约束。分层风格的软件体系结构如图 9-2 所示。

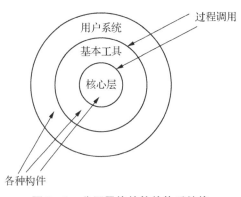

图 9-2　分层风格的软件体系结构

这种风格支持基于可增加抽象层的设计,从而允许将一个复杂问题分解成一个增量步骤序列的实现。由于每一层最多只影响两层,同时只要给相邻层提供相同的接口,允许每层用不同的方法实现,为软件重用提供了支持。

分层风格的优点在于支持重用、易于标准化、局部依赖性(可测试性)强、可替换性/移植性好、分工/变更效率高,而其面临的一个重要问题是如何控制分层的粒度。

9.2.4 仓库风格与黑板系统

仓库风格是以数据为中心的体系结构风格。仓库风格的体系结构中有两种不同的构件:

(1)中央数据结构:用于说明当前状态。

(2)独立构件:对中央数据结构进行操作。

控制原则的选取产生两个主要的子类:若输入流中某类时间触发进程执行的选择,则仓库是一传统型数据库;若中央数据结构的当前状态触发进程执行的选择,则仓库是一黑板系统。"黑板"是中心存储库的一个变种,当客户感兴趣的数据发生变化时,它将及时通知客户软件。

黑板系统由知识源、黑板数据结构和控制器组成,如图 9-3 所示。

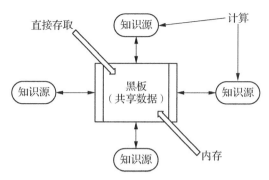

图 9 - 3 黑板系统的组成

（1）知识源：包含独立的与应用程序相关的知识，知识源之间不直接进行通信，只能通过黑板来完成信息交互。

（2）黑板数据结构：黑板数据是按照与应用程序相关的层次来组织的解决问题的数据，知识源通过不断地改变黑板数据来解决问题。

（3）控制器：控制器完全由黑板的状态驱动，黑板状态的改变决定使用的特定知识。

9.3 客户机/服务器结构

客户机/服务器（即 C/S,Client/Server）结构是一种广泛流行的分布式计算软件体系结构，经历了三种结构的演化：两层分布式表现结构、两层分布式数据结构和 N 层分布式数据和应用结构。

C/S 软件体系结构是基于资源不对等并要实现共享而提出来的，它定义了工作站如何与服务器相连，以实现数据和应用分布到多个处理机上。C/S 体系结构有三个主要组成部分：数据库服务器、客户应用程序和网络。

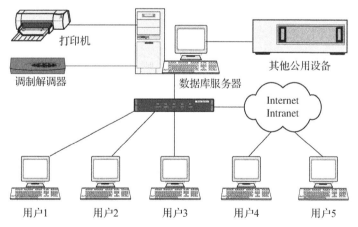

图 9 - 4 C/S 结构示意图

服务器端的任务包括：

（1）数据库安全性的要求。

（2）数据库访问并发性的控制。

（3）数据库前端的客户应用程序的全局数据完整性规则。

（4）数据库的备份与恢复。

客户端的任务包括：

（1）提供用户与数据库交互的界面。

（2）向数据库服务器提交用户请求并接收来自数据库服务器的信息。

（3）利用客户应用程序对存在于客户端的数据执行应用逻辑要求。

C/S结构的一般处理流程如图9－5所示。

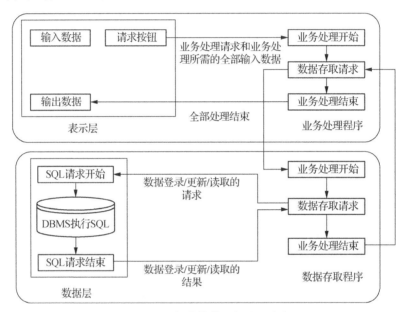

图9－5　C/S结构的一般处理流程

三层C/S结构就是在客户端与数据库之间加入了一个中间层，又称为组件层，也就是应用程序将业务规则、数据访问、合法性校验等工作放到了中间层进行处理，通常情况下，客户端不直接与数据库进行交互。如图9－6所示，一个典型的三层结构中，应用服务器将用户与数据隔开。

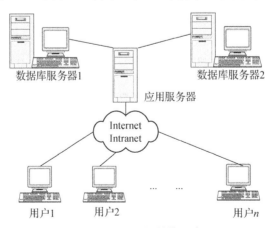

图9－6　三层C/S结构示意图

三层 C/S 结构的一般处理流程如图 9-7 所示,应用服务器上驻留的就是功能层的程序和构件。

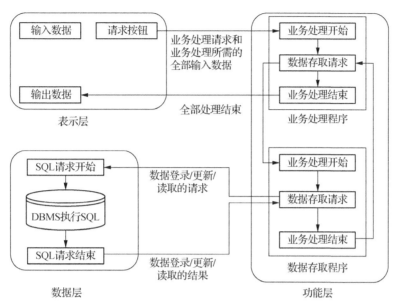

图 9-7　三层 C/S 结构的一般处理流程

三层 C/S 结构有着突出的优点:

(1) 开发人员可以只关注整个结构中的某一层。

(2) 可以很容易地用新的实现来替换原有层次的实现。

(3) 可以降低层与层之间的依赖性。

(4) 有利于标准化。

(5) 有利于各层逻辑的复用。

(6) 扩展性强。

(7) 安全性高,客户端只能通过逻辑层来访问数据层,减少了入口点。

(8) 项目结构更清楚,分工更明确,有利于后期的维护和升级。

当然三层架构的缺点也有:较多的层次降低了系统的性能。如果不采用分层式结构,很多业务可以直接造访数据库,以此获取相应的数据,如今却必须通过中间层来完成。其次,有时会导致级联的修改。例如在表示层中增加一个功能,为保证其设计符合分层式结构,可能需要在业务逻辑层和数据访问层中都增加相应的代码,因此增加了代码量。

9.4　浏览器/服务器结构

浏览器/服务器(B/S)结构是三层应用结构的常见实现方式,其具体结构为:浏览器/Web 服务器/数据库服务器。

B/S 结构主要是利用不断成熟的 WWW 浏览器技术,结合浏览器的多种脚本语言,用通用浏览器实现原来需要复杂的专用软件才能实现的强大功能,节约了开发成本。因为浏览器作为客户端的特殊性，B/S 结构也可以说是一种全新的软件体系结构，其物理结构如图 9-8 所示。

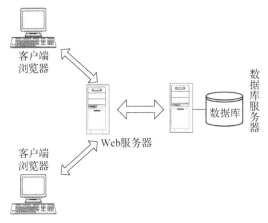

图 9-8　B/S 结构示意图

9.5　公共对象请求代理体系结构

公共对象请求代理结构(Common Object Request Broker Architecture，CORBA)是一种独立于语言和软件/硬件平台的软件体系结构规范。如图 9-9 所示，CORBA 主要由对象请求代理、对象服务、通用设施和应用接口组成。

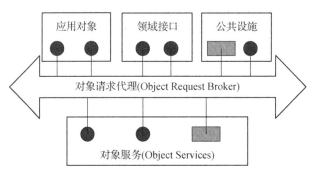

图 9-9　对象管理体系结构参考模型

对象服务是为公共设施和各种应用对象提供的基本服务，如命名服务、事件服务、事务处理服务、通知服务、交易服务、生命周期服务和安全服务等。

应用对象是未经 OMG 标准化的由各个应用开发者自行开发的实体。应用对象使用 CORBA 提供的各种对象服务。

对象请求代理(Object Request Broker，ORB)是 CORBA 的基础，是在分布式环境下 ORBA 应用所使用的基于对象模型的软件总线。它的基本职责是解决对象引用的请求和建立应用对象之间的连接，通过标准接口，使这种连接独立于所使用的硬件和软件平台，从而保证对平台的透明性以及对操作系统、网络协议和编程语言的透明性。

CORBA 有很广泛的应用,它易于集成各厂商的计算机,是针对大中型企业应用的优秀中间件。它使服务器能够真正实现高速度、高稳定性地处理大量用户的访问。现在很多大型网站后端的服务器都运行有 CORBA。

9.6 正交软件体系结构

正交软件体系结构(Orthogonal Software Architecture)由组织层和线索的构件构成。层由一组具有相同抽象级别的构件构成。线索是子系统的特例,它由完成不同层次功能的构件组成(通过相互调用来关联),每一条线索完成整个系统中相对独立的一部分功能;每一条线索的实现与其他线索的实现无关或关联很少,在同一层中的构件之间是不存在相互调用的。如果线索是相互独立的,即不同线索中的构件之间没有相互调用,那么这个结构就是完全正交的。

正交软件体系结构是一种以垂直线索构件族为基础的层次化结构,其基本思想是把应用系统的结构按功能的正交相关性,垂直分割为若干个线索(子系统),线索又分为几个层次,每个线索由多个具有不同层次功能和不同抽象级别的构件构成。各线索中相同层次的构件具有相同的抽象级别,如图 9-10 所示。

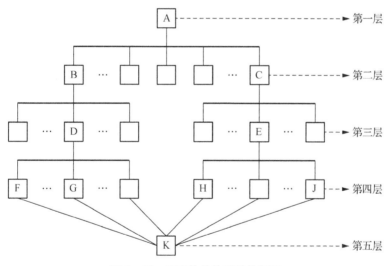

图 9-10 正交软件体系结构框架

正交软件体系结构的主要特征如下:

(1) 由完成不同功能的 $n(n>1)$ 个线索(子系统)组成。

(2) 系统具有 $m(m>1)$ 个不同抽象级别的层。

(3) 线索之间是相互独立的(正交的)。

(4) 系统有一个公共驱动层(一般为最高层)和公共数据结构(一般为最低层)。

大型的复杂软件系统,其子线索(一级子线索)还可以划分出更低一级的子线索(二级子线索),形成多级正交结构。

在软件进化过程中,系统需求会不断发生变化,而在正交软件体系结构中,每一个需求变动仅影响某一条线索,而不会涉及其他线索,这样,就把软件需求的变动局部化了,产生的影响也被限制在一定范围内,因此实现容易。

正交软件体系结构具有以下优点:

(1)结构清晰,易于理解。由于线索功能相互独立,不进行互相调用,因此结构简单、清晰,构件在结构图中的位置说明它所实现的是哪一级抽象,担负的是什么功能。

(2)易修改,可维护性强。线索之间是相互独立的,对一个线索的修改不会影响到其他线索。因此,当软件需求发生变化时,可以将新需求分解为独立的子需求,然后以线索和其中的构件为主要对象,分别对各个子需求进行处理,使软件修改很容易实现。当系统功能增加或减少时,只需相应地增删线索构件族,而不会影响整个正交体系结构,因此能方便地实现结构调整。

(3)可移植性强,重用粒度大。正交软件体系结构可以为一个领域内的所有应用程序所共享,而这些软件有着相同或类似的层次和线索,可以实现体系结构级的重用。

9.7 异构软件体系结构

在实际的系统开发中存在许多案例,它们不只使用一个体系结构风格,而是由某些体系结构组合而成,即采用了异构软件体系结构。如图9-11和图9-12所示就是C/S与B/S混合的软件体系结构的两个模型:"内外有别"模型和"查改有别"模型。

在如图9-11所示的体系结构中,企业外部用户与企业内部之间的交互采用的是三层B/S结构,Web服务器与企业外部工作站及用户之间通过Internet连接,而数据库服务器被隐藏在Web服务器之后,不与Internet直接连接,因而安全性有了很好的保障。在企业内部,因为局域网内的安全性比较有保障,因而直接采用了两层的C/S结构,这样可以有效减少开发工作量。

而在如图9-12所示的体系结构中,对于企业外部的接入设计了两种交互方式,即对于维修和修改功能来说,采用C/S结构;而对于查询和浏览功能及普通Internet用户,采用三层B/S结构。

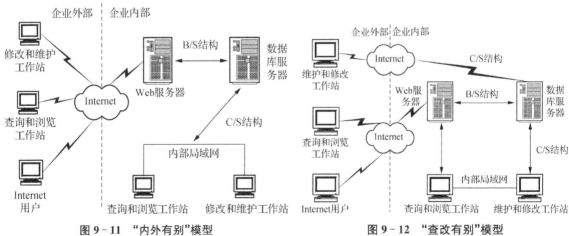

图9-11 "内外有别"模型　　　　　图9-12 "查改有别"模型

9.8　基于云计算的软件体系结构

"云计算"的构想最早在 2006 年由 Google、Amazon 等公司提出，它被定义为一种利用互联网实现随时随地、按需、便捷地访问共享资源池（如计算设施、存储设备、应用程序等）的计算模式。事实上，云计算并不是一个全新的概念，它由集群计算、效用计算、网格计算、服务计算等技术发展而来，是分布式计算、互联网技术、大规模资源管理等技术的融合与发展。

云计算具有弹性服务、资源池化、按需服务、服务可计费和泛在接入等特性，使得用户只需连上互联网就可以源源不断地使用计算机资源，实现了"互联网即计算机"的构想。因此基于云计算的软件已成为工业界发展的最新潮流。

基于云计算的体系结构的最大特点是计算机资源服务化，对用户来说，数据中心管理、大规模数据处理、应用程序部署等底层问题被完全屏蔽。该体系结构具体可分为核心服务、服务管理和用户访问接口 3 层，如图 9-13 所示。

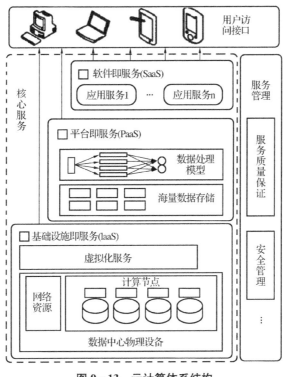

图 9-13　云计算体系结构

核心服务层将硬件基础设施、软件运行环境、应用程序等抽象成服务，以满足多样化的应用需求。

核心服务层包括基础设施即服务（IaaS，Infrastructure as a Service）层、平台即服务（PaaS，Platform as a Service）层和软件即服务（SaaS，Software as a Service）层。

服务管理层为核心服务提供支持，确保核心服务的可靠性、可用性与安全性。服务管理层包括服务质量（QoS，quality of service）保证和安全管理等。

用户访问接口层实现端到云的访问,实现了云计算服务的泛在访问,通常包括命令行、Web 服务、Web 门户等形式。

在应用云计算体系结构的时候,软件设计师的主要精力可以集中在设计具体的 SaaS 层中的应用,而把云计算平台的框架交给云计算服务商提供,对于设计师来说实现了透明化。图 9-14 就是一个基于云计算的军队疗养信息系统的软件体系结构实例。该系统功能复杂,包括了干部疗养、特勤疗养、门诊管理、住院管理等 18 个功能模块,300 多个功能点。可见云计算适用于功能复杂、吞吐量大的信息系统,因为依托了云平台构架的优势,可实现数据的高度共享和资源的有效利用,真正做到了系统统一、流程规范、数据一致。

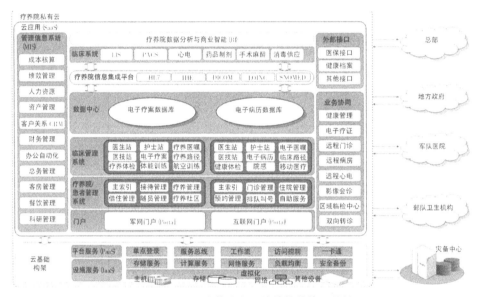

图 9-14 军队疗养信息系统的软件体系结构

9.9 案例分析

本节以某石油管理局劳动管理信息系统为例,简要分析其三层 C/S 结构。

该系统的特点为:信息量大;单位多,分布广;用户类型多,数量大;网络环境不断发展。系统应具备较强的适应能力和演化能力,不论在单机中还是网络环境中均能运行,并保证数据的一致性。系统能随着网络环境的改善和管理水平的提高平稳地从单机方式向网络方式演化。

三层 C/S 结构运用事务分离的原则将 MIS 应用分为表示层、功能层、数据层 3 个层次。表示层是图形化和事件驱动的;功能层是过程化的;数据层则是结构化和非过程化的。

当系统采用 Intranet 方式提供服务时,应用客户由构件方式改为 Web 页面方式,应用客户与业务服务构件之间的联系由 Web 服务器与事务服务器之间的连接提供,事务服务器对业务服务构件进行统一管理和调度,业务服务构件和数据服务构件不必做任何修改,这样既可以保证以前的投资不受损失,又可以保证业务运行的稳定性。向 Intranet 方式的转移是渐进的,两种运行方式将长期共存,如图 9‑15 所示。

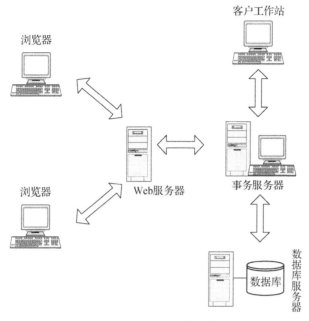

图 9‑15　向 Intranet 方式的转移

9.10　本章小结

软件体系结构风格是描述某一特定应用领域中系统组织方式的惯用模式,通常独立于实际问题。软件体系结构风格反映了领域中众多系统所共有的结构和语义特性,并指导如何将各个模块和子系统有效地组织成一个完整的系统。确立软件体系结构风格,就是要求软件工程师确立软件开发的样板。

本章中讨论的经典软件体系结构风格包括管道/过滤器风格、基于事件的隐式调用风格、分层风格和仓库风格等。这些体系结构风格都有各自的特点和优点,在传统的软件开发设计中发挥了重要的作用。

客户机/服务器(C/S)结构是一种广泛流行的分布式计算软件体系结构,有三个主要组成部分:数据库服务器、客户应用程序和网络。目前最主流的三层 C/S 结构是在客户端与数据库之间加入了一个中间层,应用程序将业务规则、数据访问、合法性校验等工作放到中间层处理。浏览器/服务器(B/S)结构则是利用不断成熟的 WWW 浏览器技术,结合浏览器的多种脚本语言,用通用浏览器替代了 C/S 结构中的客户端开发。

正交软件体系结构风格的核心在于分层的设计,并且在同一层中的构件之间不存在相互调用;异构软件体系结构风格的思想是针对复杂系统中的不同需求,综合使用多种已有体系结构风格。它们均适合于更大更复杂的系统设计。

9.11 思考与练习

（1）软件体系结构风格的定义和特征是什么？有什么价值？

（2）管道/过滤器风格的设计思路是什么？有什么优点？

（3）基于事件的隐式调用风格的基本思路是什么？有什么优点？

（4）分层系统风格的优点是什么？设计中有什么需要注意的地方？

（5）C/S结构为什么会被广泛运用？三层C/S结构的好处何在？

（6）B/S结构与C/S结构有什么关系？差别是什么？

（7）正交软件体系结构风格的特征有哪些？有什么突出的优点？

（8）为什么需要设计异构软件体系结构风格？

（9）基于云计算的软件体系结构最大的特点是什么？这种体系结构风格的适用范围是什么？

第 10 章　设计模式

设计好一个面向对象的软件非常困难,而在设计中再加上"可复用"这一要求就更加困难了。实际开发中有经验的设计者往往不会从头做起,而是尽量复用以前使用过的解决方案,因为好的解决方案是可以一遍一遍地被使用以解决类似的问题的。因此,人们会在许多面向对象系统中看到类和相互通信的对象的重复,这些被称为设计模式的结构往往能解决特定的设计问题,使面向对象设计更灵活、优雅,最终达到更高的复用性。它们帮助设计者将新的设计建立在以往工作的基础上,复用以往成功的设计方案,并能立即将它们应用于设计问题中。

与第 9 章讨论的软件体系结构风格不同,设计模式的设计粒度更细,更接近于代码级别。本章将依次讨论设计模式的起源、定义、原则、应用价值和分类,然后给出几种典型设计模式的详细描述和实现举例。

❖ 学习目标

- 了解设计模式的起源与定义
- 掌握设计模式的基本要素与特征
- 理解设计模式的基本原则
- 掌握几种典型的设计模式
- 了解基于构件和基于体系结构的软件开发步骤

10.1　设计模式概述

一名叫 Christopher Alexander 的建筑师曾提出这样的问题:"质量能够客观评价吗?"作为建筑师,Alexander 感兴趣的特殊形式的美是一种建筑质量:是什么能让我们领会到一个建筑设计是否优秀? 我们能够用客观依据去评价一个设计是否优秀吗? 有能够描述我们共识的根据吗? 最终,Alexander 认为建筑系统中存在这样的客观根据,评价建筑美观与否不只是根据个人喜好,而是能够通过可以度量的客观根据来描述美。

设计模式背后的一个观点就是软件系统的质量也可以客观度量,即质量优秀的设计是存在共识的,可以进行描述的。Alexander 进行大量观察后发现,在特定的建筑物中,优秀的结构都有一些共同之处。虽然它们互不相同,但可能都具有很高的质量。例如,两个门廊结构上也许不同,但是仍然可能都具有高质量。

Alexander 看到了这一点。他知道结构不能与要解决的问题分离,因此在寻找和描述设计质量一致性的探求中,必须观察为了解决相似问题而设计的不同结构。Alexander 将这种相似之处称为模式——每个模式都描述了一个在我们的环境中会不断重复出现的问题,以及该问题的核心解决方案。通过这种方式,解决方案能够被上百万次地反复应用,但是具体应用方式又不会完全相同。

尽管 Alexander 所指的是城市和建筑模式,但是他的思想同样适用于面向对象设计模式,两类模式的核心在于提供了相关问题的解决方案。

10.1.1　设计模式的定义与基本要素

设计模式(Design Pattern)是针对面向对象系统中重复出现的设计问题,系统化地命名、激发和解释出的一个通用的设计方案,描述了问题、解决方案、在什么条件下应用该解决方案及其效果,还给出了实现要点和实例。某解决方案是解决某问题的一组精心安排的通用的类和对象,再经定制和实现就可以用来解决特定环境中的问题。

一般而言,一个模式有 4 个基本要素:

(1) 模式名称(Pattern Name):即用一两个词来描述模式的问题、解决方案和效果。命名一个新的模式直接地增加了我们的设计词汇。设计模式允许我们在更高的抽象层次上进行设计。基于一个模式词汇表能够让我们自己以及和他人在讨论模式与编写文档的时候使用它们。模式名帮助我们思考并且有助于我们与其他人交流设计思想和结果。找到合适的模式名是设计模式编目工作的难点之一。

(2) 问题(Problem):描述了什么时候应用模式。它解释了问题和问题存在的环境,可能描述特定的设计问题,如怎样用对象来表示算法等;也可能描述导致不灵活设计的类或对象结构。有时候,问题会包括使用模式必须满足的一系列先决条件。

(3) 解决方案(Solution):描述了设计的组成部分、它们之间的相互关系、各自的职责以及协作方式。因为模式就像一个模板,可应用于多种不同场合,所以解决方案并不描述一个特定而具体的设计或实现,而是提供设计问题的抽象描述和怎样用一个具有一般意义的元素组合(类或对象组合)来解决这个问题。

(4) 效果(Consequences):描述了模式应用的效果及使用模式应权衡的问题。尽管描述设计决策时并不总提到模式效果,但它们对于评价设计选择和理解使用模式的代价及好处具有重要意义。软件效果大多关注对时间和空间的衡量,故它们也描述了语言和实现问题。因为复用是面向对象设计的要素之一,所以模式效果包括它对系统的灵活性、扩充性或可移植性的影响,显式地列出这些效果对理解和评价这些模式很有帮助。

10.1.2　设计模式的特征

一个设计模式有广为人知的外在表现或行为,可被反复使用来解决同类问题。一个好的面向对象设计人员必须精通这些模式,透彻理解其中对象之间的关系。掌握了这些设计模式,在系统分析和设计中就不是采用单个类,而是有效地反复采用模式进行模型的设计,高效率、高质量地进行软件开发。在设计模式中,对象之间通过属性互相联系,不随时间而变化,因此称其为静态设计模式。

设计模式的特征有:

(1) 简单性:只包含少数几个类。

(2) 灵巧性:精巧并能解决实际问题。

(3) 验证性:已经在若干个实际运行的系统中成功地完成测试验证。

(4) 通用性:在各种系统设计中可以解决同类问题。

(5) 复用性:可在各种系统的各个层次的系统设计中反复使用。

一个通用设计模式用问题描述说明其使用范围和解决的问题,用类和对象来描述问题的解决办法。如果我们能掌握设计模式的精髓,利用模式进行系统设计,就可以达到事半功倍的效果。

10.2 设计模式的分类

根据模式的使用目的将设计模式分为三大类:创建型(Creational)、结构型(Structural)和行为型(Behavioral)。创建型模式与对象的创建有关;结构型模式处理类或对象的组合;行为型模式对类或对象怎样交互和怎样分配职责进行描述。

创建型模式有 5 种:工厂方法模式(Factory Method)、抽象工厂模式(Abstract Factory)、单例模式(Singleton)、建造者模式(Builder)和原型模式(Prototype)。

结构型模式有 7 种:适配器模式(Adapter)、装饰器模式(Decorator)、代理模式(Proxy)、外观模式(Facade)、桥接模式(Bridge)、组合模式(Composite)和享元模式(Flyweight)。

行为型模式有 11 种:策略模式(Strategy)、模板方法模式(Template Method)、观察者模式(Observer)、迭代器模式(Iterator)、责任链模式(Chain of Responsibility)、命令模式(Command)、备忘录模式(Memento)、状态模式(State)、访问者模式(Visitor)、中介者模式(Mediator)和解释器模式(Interpreter)。

创建型类模式将对象的部分创建工作延迟到子类,创建型对象模式则将它延迟到另一个对象中。结构型类模式使用继承机制来组合类,结构型对象模式则描述了对象的组装方式。行为型类模式使用继承描述算法和控制流,行为型对象模式则描述一组对象怎样协作来完成单个对象无法完成的任务。

有些模式经常会被绑在一起使用,例如组合模式常和迭代器模式或访问者模式一起使用;有些模式是可替代的,例如原型模式常用来替代抽象工厂模式;有些模式尽管使用意图不同,但产生的设计结果是很相似的,例如组合模式和装饰器模式的结构体是相似的。

可根据模式的“相关模式”部分所描述的它们怎样互相引用来组织设计模式。图 10-1 给出了模式关系的图形说明。

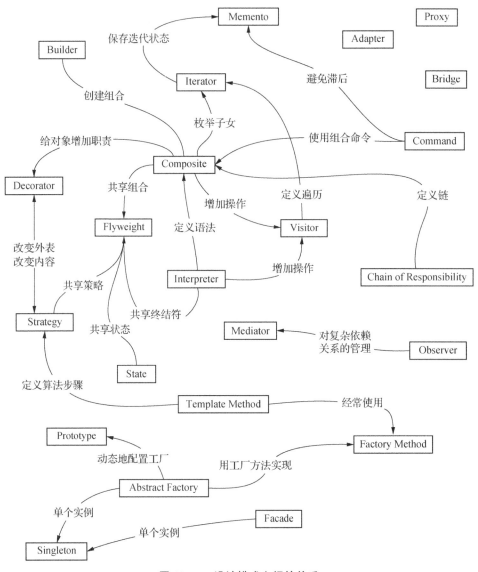

图 10 - 1 设计模式之间的关系

10.3 设计模式的原则

1）单一职责原则（Single Responsibility Principle）

单一职责原则表示一个类只负责一项职责，不能将太多职责放在一个类中。因为一个类承担的职责越多，被复用的可能性就越小。若一个类负责多个职责，当一个职责需求发生改变而要修改类时，有可能导致其他的职责功能发生故障。避免出现这个问题的办法便是遵循单一职责原则。

单一职责原则是实现高内聚低耦合的指导方针，在很多代码重构手法中都能找到它的存在。单一职责原则虽然最简单却又最难运用,需要设计人员发现类的不同职责并将其分离,将职责分化为粒度更细的多个职责。

遵循单一职责原则有以下优点:

(1) 降低了类的复杂度,类的职责清晰明确。

(2) 提高了类的可读性和系统的可维护性。

(3) 变更是必然的,却可使变更引起的风险降低,对系统的扩展性、维护性都有很大的帮助。

2) 开闭原则(Open Close Principle)

开闭原则指一个软件实体(如类、模块和函数)应该对扩展开放,对修改关闭。意思是在程序需要进行扩展的时候,不能去修改原有的代码,而是要扩展原有代码,实现热插拔的效果,使变化的软件具有一定的适应性和灵活性,使程序具有扩展性,易于维护和升级。

对开闭原则来说抽象化是关键,不允许修改的是抽象类和接口,允许扩展的是具体的实现类。开闭原则用抽象构建框架,用实现扩展细节,从抽象派生的实现类来进行扩展,当软件需要发生变化时,只需要根据需求重新派生一个实现类来扩展即可。因此抽象类和接口在开闭原则中既要预知可变的需求,又要预见所有可能的扩展。

找到系统的可变因素,将其封装是实现开闭原则的关键,不要把可变因素放在多个类中,而应该将其封装起来。

3) 里氏替换原则(Liskov Substitution Principle)

里氏替换原则由麻省理工学院教授 Barbara Liskov 提出,要求所有引用父类的地方必须能够透明地使用其子类的对象。即把父类都替换成它的子类的话,程序将不会产生任何错误和异常,但反过来则不能成立。

里氏替换原则通俗地讲就是子类可以扩展父类的功能,但不能改变父类原有的功能。它包含 4 层含义:

(1) 子类可以实现父类的抽象方法,但不能覆盖父类的非抽象方法。

(2) 子类可以增加自己特有的方法。

(3) 当子类的方法重载父类的方法时,方法的形参要比父类方法的输入参数更宽松。

(4) 当子类方法实现父类的抽象方法时,方法的返回值要比父类方法的更严格。

遵循里氏替换原则是实现开闭原则的重要方式之一。实现开闭原则的关键步骤是抽象化,而父类与子类的继承关系就是抽象化的具体实现,所以里氏替换原则是对实现抽象化的具体步骤的规范。因此在程序中应尽量使用父类类型对对象进行定义,而在运行时再确定其子类类型,用子类对象替换父类对象。

4) 依赖倒置原则(Dependence Inversion Principle)

依赖倒置原则指高层模块不应该依赖低层模块,两者都应该依赖抽象,抽象不应该依赖细节,细节应该依赖于抽象。如果开闭原则是面向对象设计的目标,那么依赖倒置原则是达到开闭原则的基础与手段。

依赖倒置原则的核心是直接面向接口编程,而不是针对实现编程。在实际编程中,一般要做到三点:

（1）低层模块尽量都要有抽象类或接口。

（2）变量的声明类型尽量是抽象类或接口。

（3）使用继承时遵循里氏替换原则。

相对于细节的多变性，抽象的东西要稳定得多。以抽象为基础搭建起来的架构比以细节为基础搭建的架构要稳定得多。遵循依赖倒置原则的优点是可以减少类之间的耦合性，提高系统稳定性，降低并行开发引起的风险性，提高代码可读性和可维护性。

5）接口隔离原则（Interface Segregation Principle）

接口隔离原则指客户端不应该依赖它不需要的接口，一个类对另一个类的依赖应该建立在最小的接口上。即建立专用接口，尽量细化接口，每一个接口应该担任一种相对独立的角色，不要去建立一个庞大臃肿的接口供所有依赖它的类去调用。

使用接口隔离原则拆分接口时，首先必须满足单一职责原则，将一组相关的操作定义在一个接口中，在满足高内聚的前提下，接口中的方法越少越好，仅提供客户端需要的即可。接口隔离原则和单一职责原则的区别是：单一职责原则注重职责，而接口隔离原则注重对接口依赖的隔离；单一职责原则主要约束类，针对的是程序中的实现和细节，而接口隔离原则主要约束接口，针对的是抽象和程序整体框架的构建。

运用接口隔离原则一定要适度，接口设计得过大或过小都不好，只有多花时间去思考和筹划才能准确实现这个原则。

6）迪米特法则（Law Of Demeter）

迪米特法则又称最少知道原则，最早是在 1987 年由美国东北大学提出，指一个对象应当对其他对象有尽可能少的了解，使得系统功能模块相对独立。因为类与类之间的关系越密切，耦合度就越大，改变一个类对另一个类造成的影响也越大。

简单来说迪米特法则表示只与直接的朋友通信。只要两个对象之间有耦合关系，就说明这两个对象之间是朋友关系。耦合的方式很多，如依赖、关联、组合、聚合等。其中，称出现在成员变量、方法参数、方法返回值中的类为直接的朋友，而出现在局部变量中的类则不是直接的朋友。也就是说，陌生的类最好不要以局部变量的形式出现在类的内部。

迪米特法则减少了类之间的耦合度。系统扩展的时候可能需要修改类，而类与类之间的关系决定了修改的复杂度，相互作用越少，修改难度也越小。所以采用迪米特法则时要反复权衡，既做到结构清晰，又做到高内聚低耦合。

7）合成/聚合复用原则（Composite/Aggregate Reuse Principle）

合成/聚合复用原则表示要尽量使用合成/聚合，而不是使用继承来达到复用目的。即在一个新的对象里使用一些已有的对象，使之成为新对象的一部分，新对象通过向这些对象的委派达到复用已有功能的目的。

继承复用即"白箱"复用，其实现简单，易于扩展却破坏系统的封装性，没有足够的灵活性。合成/聚合复用即"黑箱"复用，耦合度较低，可以在运行时动态进行，使系统更加灵活。

合成/聚合复用原则和里氏替换原则相辅相成，两者都是具体实现开闭原则的规范。因此要避免在系统设计中出现一个类的继承层次过多。

10.4　典型设计模式

本节从设计模式三大分类的角度列举一些典型的设计模式,以 UML 中的类图和 Java 语言进行具体描述。

10.4.1　工厂方法模式

工厂方法模式定义一个用于创建对象的接口,让子类决定实例化哪一个类。工厂方法模式使一个类的实例化延迟到其子类。

1) 普通工厂方法模式

建立一个工厂类,对实现了同一接口的一些类进行实例的创建,如图 10 - 2 所示。

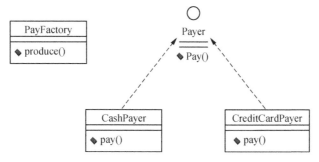

图 10 - 2　普通工厂方法模式示例

举一个现金付款和信用卡付款的例子。

首先,创建两者的共同接口:

```
public interface Payer {
    public void pay();
}
```

其次,创建实现类:

```
public class CashPayer implements Payer {
    @Override
    public void Pay() {
        System. out. println("this is Cash Payer!");
    }
}
public class CreditCardPayer implements Payer {
    @Override
    public void Pay() {
        System. out. println("this is CreditCard Payer!");
    }
}
```

最后,创建工厂类:

```
public class PayFactory {
    public Payer produce(String type) {
        if ("cash". equals(type)) {
            return new CashPayer();
        } else if ("creditcard". equals(type)) {
            return new CreditCardPayer();
        } else {
            System. out. println("请输入正确的类型!");
            return null;
        }
    }
}
```

测试:

```
public class FactoryTest {
    public static void main(String[] args) {
        PayFactory factory = new PayFactory();
        Payer Payer = factory. produce("creditcard");
        Payer. pay();
    }
}
```

输出:

this is CreditCard Payer!

2) 多个工厂方法模式

这个工厂方法模式是对普通工厂方法模式的改进。在普通工厂方法模式中,如果传递的字符串出错,则不能正确创建对象,而多个工厂方法模式提供多个工厂方法,可分别创建对象。类之间的关系如图 10-3 所示。

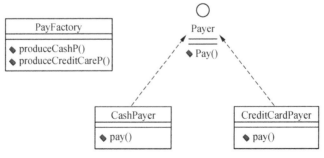

图 10-3　多个工厂方法模式示例

对之前的代码改动 PayFactory 类如下：

```
public class PayFactory {
    public Payer produceCashP(){
        return new CashPayer();
    }
    public Payer produceCreditCardP(){
        return new CreditCardPayer();
    }
}
```

测试：

```
public class FactoryTest {
    public static void main(String[] args) {
        PayFactory factory = new PayFactory();
        Payer Payer = factory. produceCashP();
        Payer. pay();
    }
}
```

输出：

this is CashPayer!

3) 静态工厂方法模式

将多个工厂方法模式里的方法置为静态，不需要创建实例，直接调用即可。

```
public class PayFactory {
    public static Payer produceCashP(){
        return new CashPayer();
    }
    public static Payer produceCreditCardP(){
        return new CreditCardPayer();
    }
}
public class FactoryTest {
    public static void main(String[] args) {
        Payer Payer = PayFactory. produceCashP();
        Payer. pay();
    }
}
```

输出：

this is CashPayer!

总体来说,工厂模式适合使用的情况是:出现了大量的对象需要创建,并且具有共同的接口。在上面的三种模式中,在第一种模式中如果传入的字符串有误,则不能正确创建对象;第三种相对于第二种,不需要实例化工厂类。所以,大多数情况下,建议选用第三种模式——静态工厂方法模式。

10.4.2　抽象工厂模式

工厂方法模式有一个问题:类的创建依赖工厂类,也就是说,如果想要拓展程序,必须对工厂类进行修改,这违背了闭包原则,所以从设计角度考虑会有一定的问题,这就要用到抽象工厂模式。它提供一个创建一系列相关或相互依赖对象的接口,而不需指定它们具体的类,这样一旦需要增加新的功能,直接增加新的工厂类即可,不需要修改之前的代码,如图 10 - 4 所示。

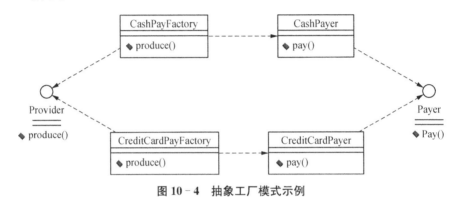

图 10 - 4　抽象工厂模式示例

首先,创建接口:

```
public interface Payer {
    public void pay();
}
```

其次,创建两个实现类:

```
public class CashPayer implements Payer {
    @Override
    public void Pay() {
        System. out. println("this is Cash Payer!");
    }
}
public class CreditCardPayer implements Payer {
    @Override
    public void Pay() {
        System. out. println("this is CreditCard Payer!");
    }
}
```

接着,创建两个工厂类:

```
public class CashPayFactory implements Provider {
    @Override
    public Payer produce(){
        return new CashPayer();
    }
}
public class CreditCardPayFactory implements Provider{
    @Override
    public Payer produce() {
        return new CreditCardPayer();
    }
}
```

最后,再创建一个接口:

```
public interface Provider {
    public Sender produce();
}
```

测试:

```
public class Test {
    public static void main(String[] args) {
        Provider provider = new CashPayFactory();
        Payer Payer = provider. produce();
        Payer. pay();
    }
}
```

输出:

```
this is CashPayer!
```

这个模式的好处就是,如果想增加一个功能,则只需创建一个实现类,实现 Payer 接口,同时创建一个工厂类,实现 Provider 接口,而无需去改动已有的代码,提高了系统扩展性。

10.4.3 桥接模式和组合模式

1) 桥接模式

桥接模式就是把抽象部分与实现部分分离,使它们可以各自独立地变化,如图 10 - 5 所示。

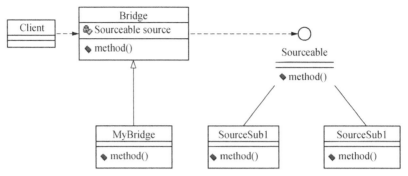

图 10-5　桥接模式示例

首先,定义接口:

```
public interface Sourceable {
    public void method();
}
```

其次,分别定义两个实现类:

```
public class SourceSub1 implements Sourceable {
    @Override
    public void method() {
        System. out. println("this is the first sub!");
    }
}
public class SourceSub2 implements Sourceable {
    @Override
    public void method() {
        System. out. println("this is the second sub!");
    }
}
```

最后,定义一个桥,有 Sourceable 的一个实例:

```
public abstract class Bridge {
    private Sourceable source;
    public void method(){
        source. method();
    }
    public Sourceable getSource() {
        return source;
    }
    public void setSource(Sourceable source) {
        this. source = source;
```

```
    }
}
public class MyBridge extends Bridge {
    public void method(){
        getSource(). method();
    }
}
```

测试：

```
public class BridgeTest {
    public static void main(String[] args) {
        Bridge bridge = new MyBridge();
        /* 调用第一个对象 */
        Sourceable source1 = new SourceSub1();
        bridge. setSource(source1);
        bridge. method();
        /* 调用第二个对象 */
        Sourceable source2 = new SourceSub2();
        bridge. setSource(source2);
        bridge. method();
    }
}
```

输出结果：

this is the first sub!
this is the second sub!

这样,就通过对 Bridge 类的调用,实现了对接口 Sourceable 的实现类 SourceSub1 和 SourceSub2 的调用。

2) 组合模式

组合模式又叫部分-整体模式,其关键是一个抽象类,它既可以代表图元,又可以代表图元的容器。使用组合模式,在处理类似树形结构的问题时比较方便,如图 10 - 6 所示。

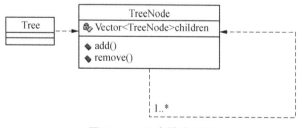

图 10 - 6　组合模式示例

代码示例如下：

```
public class TreeNode {
    private String name;
    private TreeNode parent;
    private Vector<TreeNode> children = new Vector<TreeNode>();
    public TreeNode(String name){
        this. name = name;
    }
    public String getName() {
        return name;
    }
    public void setName(String name) {
        this. name = name;
    }
    public TreeNode getParent() {
        return parent;
    }
    public void setParent(TreeNode parent) {
        this. parent = parent;
    }
    //添加孩子节点
    public void add(TreeNode node){
        children. add(node);
    }
    //删除孩子节点
    public void remove(TreeNode node){
        children. remove(node);
    }
    //取得孩子节点
    public Enumeration<TreeNode> getChildren(){
        return children. elements();
    }
}
public class Tree {
    TreeNode root = null;
    public Tree(String name) {
        root = new TreeNode(name);
    }
    public static void main(String[] args) {
        Tree tree = new Tree("A");
        TreeNode nodeB = new TreeNode("B");
        TreeNode nodeC = new TreeNode("C");
```

```
nodeB. add(nodeC);
tree. root. add(nodeB);
System. out. println("build the tree finished!");
    }
}
```

组合模式用于将多个对象组合在一起进行操作的场景,常用于表示树形结构,例如二叉树、树、图等。

10.4.4 迭代器模式

迭代器模式就是顺序访问一个聚集对象中的各个元素,而不暴露该对象的内部表示。该模式的关键思想是将对列表的访问和遍历从列表对象中分离出来,并放入一个迭代器对象中。这句话包含两层意思:一是需要遍历的对象即聚集对象;二是迭代器对象用于对聚集对象进行遍历访问,如图 10-7 所示。迭代器类定义了一个访问该列表元素的接口。迭代器对象负责跟踪当前的元素。一般来说,迭代器模式在集合中非常常见,如果对集合类比较熟悉的话,理解本模式会十分轻松。

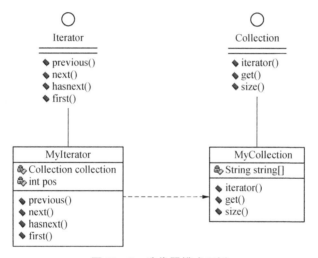

图 10-7 迭代器模式示例

MyCollection 中定义了集合的一些操作,MyIterator 中定义了一系列迭代操作,且有 Collection 实例。

首先,定义两个接口:

```
public interface Collection {
    public Iterator iterator();
    / * 取得集合元素 * /
    public Object get(int i);
    / * 取得集合大小 * /
    public int size();
}
```

```
public interface Iterator {
    //前移
    public Object previous();
    //后移
    public Object next();
    public boolean hasNext();
    //取得第一个元素
    public Object first();
}
```

其次,定义两个实现类:

```
public class MyCollection implements Collection {
    public String string[] = {"A","B","C","D","E"};
    @Override
    public Iterator iterator() {
        return new MyIterator(this);
    }
    @Override
    public Object get(int i) {
        return string[i];
    }
    @Override
    public int size() {
        return string.length;
    }
}
public class MyIterator implements Iterator {
    private Collection collection;
    private int pos = -1;
    public MyIterator(Collection collection){
        this.collection = collection;
    }
    @Override
    public Object previous() {
        if(pos > 0){
            pos--;
        }
        return collection.get(pos);
    }
    @Override
```

```
    public Object next() {
        if(pos<collection. size()-1){
            pos++;
        }
        return collection. get(pos);
    }
    @Override
    public boolean hasNext() {
        if(pos<collection. size()-1){
            return true;
        }else{
            return false;
        }
    }
    @Override
    public Object first() {
        pos = 0;
        return collection. get(pos);
    }
}

    @Override
    public boolean hasNext() {
        if(pos<collection. size()-1){
            return true;
        }else{
            return false;
        }
    }
    @Override
    public Object first() {
        pos = 0;
        return collection. get(pos);
    }
} public class Test {
    public static void main(String[] args) {
        Collection collection = new MyCollection();
        Iterator it = collection. iterator();
        while(it. hasNext()){
            System. out. println(it. next());
        }
    }
```

```
}
```

测试：

```
public class Test {
    public static void main(String[] args) {
        Collection collection = new MyCollection();
        Iterator it = collection. iterator();
        while(it. hasNext()){
            System. out. println(it. next());
        }
    }
}
```

输出：

A B C D E

10.4.5　MVC 模式

特别地，本节讨论一下当前非常流行的 MVC 设计模式。它在 1996 年由 Buschmann 提出。注意，MVC 不在本章之前所述的经典设计模式中，但可以将 MVC 模式理解为观察者模式、策略模式和组合模式的演变和组合。它强制性地使应用程序的输入、处理和输出分开。使用 MVC 模式时，应用程序被分成三个核心部件：模型、视图、控制器。模型（Model）封装数据和所有基于这些数据的操作。视图（View）封装的是对数据的显示，即用户界面。控制器（Control）封装外界作用于模型的操作和对数据流向的控制等。它们各自处理自己的任务（图 10 - 8）。

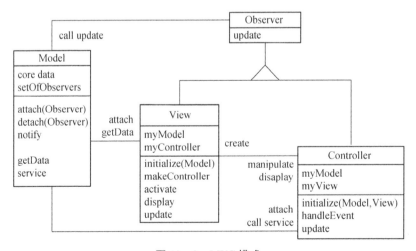

图 10 - 8　MVC 模式

MVC 模式中，首先控制器接收用户的请求，并决定应该调用哪个模型来进行处理；然后模型用业务逻辑来处理用户的请求，并返回数据；最后控制器用相应的视图格式化模型返回的数据,并通过表示层呈现给用户。

10.5　基于构件和基于体系结构的软件开发

基于构件的开发模型融合了螺旋模型的许多特征,本质上是演化型的,开发过程是迭代型的,由软件需求分析和定义、体系结构设计、构件库建立、应用软件构建以及测试和发布 5 个阶段组成。

基于构件的开发活动从标识候选构件开始,通过搜查已有构件库,确认所需要的构件是否已经存在,如果已经存在,则从构件库中提取出来复用;否则,采用面向对象方法开发它。之后,在提取出来的构件通过语法和语义检查后,将它们通过胶合代码组装到一起,实现系统,这个过程是迭代的(图 10－9)。

基于体系结构的开发模型是以软件体系结构为核心,以基于构件的开发方法为基础,采用迭代增量方式进行分析和设计,将功能设计空间映射到结构设计空间,再由结构设计空间映射到系统设计空间的过程。该开发模型将软件生命周期分为软件定义、需求分析和定义、体系结构设计、软件系统设计和软件实现(图 10－10)。

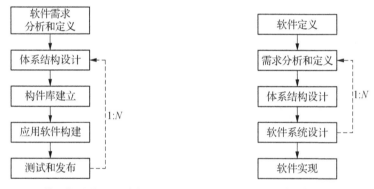

图 10－9　基于构件的开发阶段　　　图 10－10　基于体系结构的开发阶段

基于体系结构的开发模型有严格的理论基础和工程原则,以体系结构为核心。体系结构为软件需求与软件设计之间架起了一座桥梁,解决了软件系统从需求到实现的平缓过渡,提高了软件分析与设计的质量和效率。

为了有效地设计一个软件体系结构,软件设计师需要严格的设计方法,关注创造性过程。设计方法为产生软件系统的概念体系结构提供构造。概念体系结构描述了系统的主要设计元素及其关系。

基于体系结构的软件设计模型把整个过程划分为体系结构需求、设计、文档化、复审、实现、演化 6 个子过程。

10.6　案例分析

本节简要介绍一个社会保险管理信息系统(SIMIS)的体系结构案例。SIMIS 服从于国家原劳动和社会保障部（现人力资源和社会保障部）关于保险管理信息系统的总体规划，系统建设坚持一体化的设计思想。SIMIS软件的组织采用层次式体系结构，由内向外各层逐渐进行功能扩展，满足不同系统规模用户的需求，其体系结构如图10-11所示。这种结构组织方式具有便于增加新功能，使系统具有可扩展性的优点。

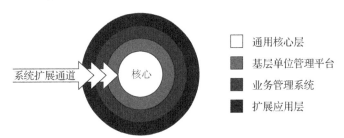

系统扩展通道　核心

□ 通用核心层
■ 基层单位管理平台
■ 业务管理系统
■ 扩展应用层

图 10 - 11　SIMIS 体系结构

其中，通用核心层完成与具体业务无关的基本操作；基层单位管理平台完成与劳动和社会保险业务相关的基本操作，它与通用核心层共同完成劳动和社会保险业务的基本操作；业务管理系统能够实现数据的初步汇总，它与其内包含的两层一起构成了SIMIS的典型应用系统；扩展应用层是在典型应用系统的基础上扩充一些更为复杂的功能。

SIMIS在层次式软件体系结构的基础上，利用面向对象的继承、封装和多态等特性，使外层能够继承内层的所有功能，并可进行屏蔽、修改和扩充，从而实现功能的逐层扩展；通过继承和重载，后代不但能够方便地获得、扩充或者修改祖先的功能，而且可以达到通过少量修改内层的方法来实现软件的可扩展性，从而解决因劳动和社会保险管理政策和措施的不断变化而令软件难以适应的问题。

在SIMIS的设计过程中，由于层次式软件体系结构的特性，使用上述继承和重载的方式，可以运用的设计模式包括工厂模式、桥接模式、组合模式等，由于涉及底层代码，本书不再一一阐述。

10.7　本章小结

设计模式是针对面向对象系统中重复出现的设计问题，系统化地命名、激发和解释出的一个通用的设计方案。

一个设计模式有广为人知的外在表现或行为，可被反复使用来解决同类问题。要精通这些模式，必须透彻理解其中对象之间的关系。掌握了这些设计模式，在系统分析和设计中就不是采用单个类，而是有效地反复采用模式进行模型的设计，高效率、高质量地进行软件开发。

根据使用目的将设计模式分为三大类：创建型、结构型和行为型。

为提高设计模式的复用性，设计模式的原则有：单一职责原则、开闭原则、里氏替换原则、依赖倒置原则、接口隔离原则、迪米特法则、合成/聚合复用原则等。设计模式同样遵循高内聚低耦合的模块化设计原则。

工厂方法模式、桥接模式和组合模式及迭代器模式是典型的设计模式,它们都有相应的适用范围。MVC 模式定义了一种结构,即强制性地使应用程序的输入、处理和输出分开。

基于构件和基于体系结构的软件开发在步骤上有所不同,其重点分别是在设计初期加入构件库的建立和设计体系结构。对于功能复杂的系统,尽早地设计和确立软件体系结构是非常重要的。

10.8　思考与练习

(1) 设计模式的定义和特征是什么?有什么价值?

(2) 设计模式分为几类?

(3) 设计模式的原则是什么?

(4) 分别应用工厂方法模式、桥接模式、组合模式和迭代器模式构造程序。

(5) MVC 模式是怎么定义的?开发中如何使用?

(6) 基于构件和基于体系结构的软件开发在步骤上有哪些不同之处?

第11章 软件体系结构评估

不同的体系需要不同的体系结构,甚至一个系统的不同子系统也需要不同的体系结构。体系结构的选择往往成为一个系统设计成败的关键。体系结构评估可以只针对一个体系结构,也可以针对一组体系结构。在体系结构的评估过程中,评估人员关注的是系统的质量,包括性能、可靠性、可用性、安全性、可修改性、功能性、可变性、集成性和互操作性。

❖ **学习目标**

- 了解体系结构评估的价值和主要方式
- 了解 4 种主要的体系结构评估方法
- 理解 ATAM 评估方法的参与人员、实施阶段和具体步骤等

11.1 体系结构评估的主要方式

一般来说,软件体系结构的评估方式主要有 3 种。

(1)基于调查问卷或检查表的评估方式

调查问卷包含了一系列可以应用于各种体系结构评估的相关问题。检查表则包含比调查问卷更细节和具体的问题,它们通常更趋向于考察某些用户特别关心的质量属性,而不需要面面俱到。这一评估方式比较自由灵活,可评估多种质量属性,也可以在软件体系结构设计的多个阶段进行。

(2)基于场景的评估方式

场景指的是一系列有序的使用或修改系统的步骤。基于场景的软件体系结构评估方式分析软件体系结构对场景的支持程度,从而判断该体系结构对具体的某一场景所代表的质量需求的满足程度,整体的体系结构的评估则依赖于一系列场景的评估。

(3)基于度量的评估方式

度量是指为软件产品的某一属性赋予的数值,如代码行数、方法调用层数、构件个数等。基于度量的评估技术涉及三个基本活动:首先,需要建立质量属性和度量之间的映射原则,即确定怎样从度量结果推出系统具有什么样的质量属性;然后,从软件体系结构文档中获取度量信息;最后,根据映射原则分析推导出系统的某些质量属性。

三种评估方式可总结如表 11-1 所示。在实践中用户可以根据需要,灵活组合使用以获取最佳评估效果。

表 11-1 三种评估方式比较

评估方式	调查问卷或检查表		场景	度量
	调查问卷	检查表		
通用性	通用	特定领域	特定系统	通用或特定领域
评估者对体系结构的了解程度	粗略了解	无限制	中等了解	精确了解
实施阶段	早	中	中	中
客观性	主观	主观	较主观	较客观

11.2 体系结构评估方法

成功的体系结构遵循各种指导原则和最佳实践。卡内基梅隆大学的软件工程协会(Software Engineering Institute,SEI)在这方面做了广泛的研究,并最终创建了几种用于改进和评估体系结构的方法。下面介绍 4 种代表性的方法。

1) 质量属性专题研讨会 (QAW)

QAW 方法是一种用于在创建软件体系结构之前发现质量属性的方法,诸如性能或安全性等特定质量的实现高度依赖于设计良好的软件体系结构。

2) 体系结构权衡分析方法 (ATAM)

ATAM 重点包括"权衡",因为它不仅描述某个体系结构对特定质量目标的满足程度,而且还提供了对那些属性在体系结构质量中所具有的权衡的深入认识。

3) 软件体系结构分析方法 (SAAM)

SAAM 提供了一种将可测量的质量属性场景附加到一般属性声明的方法,从而支持更间接地进行测试的情形。

4) 积极的中间设计审核 (ARID)

ARID 方法聚焦于未完成的体系结构,其优点在于不必等待体系结构设计完成即可了解该设计是否在沿正确的方向进行。

QAW 在定义体系结构之前执行,ARID 在设计过程中执行,而 ATAM 和 SAAM 则在已经完成体系结构创建之后执行。这些方法的引出部分的执行由一个协调人员引导。

实际开发中,这些方法在流程框架的上下文中使用,即与 RUP 结合。本书第 3 章讨论过,RUP 定义了一个经过证明的软件生命周期,该生命周期具有带文档记录的各个阶段、定义良好的规程和实用的角色。RUP 是一个以体系结构为中心的流程:体系结构对于使用 RUP 的任何应用程序的成功都是至关重要的。大部分体系结构开发在生命周期初始阶段中交付,并在以后的阶段中根据需要进行修改。

上述几种体系结构评估方法中,QAW 最适合于 RUP 的初始阶段,因为接着就要对描绘将来的体系结构的想法进行具体化了。QAW 还可以在后续阶段中用于细化初始的发现,需求规程将会得益于对 QAW 向 RUP 引入的质量属性分析的格外重视。

ARID 在 RUP 的细化阶段中执行,因为软件体系结构正是在此阶段得到巩固的。AR-ID 将作为 RUP 的分析和设计规程的一部分以帮助执行各种审核工作。

ATAM/SAAM 的工作可以在软件生命周期中需要体系结构审核的任何地方进行。一个很适合的地方是在 RUP 的构造阶段,因为资源是在此阶段开始按照体系结构计划执行的。ATAM 能够将所交付的体系结构与质量目标进行比较,这一点非常适合于 QAW 输出的重用。

上述方法在 RUP 中的使用情况如表 11-2 所示。

表 11-2 不同评估方法的使用总结

方法	角色	规程	阶段
QAW	软件分析人员	需求	初始
ARID	技术审核人员	分析和设计	细化
ATAM/SAAM	软件架构师	分析和设计	构造

11.3 ATAM 评估方法

ATAM(Architecture Tradeoff Analysis Method,架构权衡分析方法)是一种比较全面的软件架构评估方法。

ATAM 分为 4 个评估阶段共 9 个步骤。4 个评估阶段是:描述和介绍阶段、调查和分析阶段、测试阶段以及报告阶段,如图 11-1 所示。

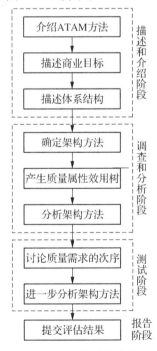

图 11-1 ATAM 方法的步骤和阶段

下面介绍具体的 9 个评估步骤。

1）介绍 ATAM 方法

在该步骤中，评估负责人向评估参与者介绍 ATAM 方法并回答问题，具体内容有：

（1）评估步骤介绍。

（2）用于获取信息或分析的技巧：效用树的生成、基于架构方法的获取和分析、对场景的集体讨论及优先级的划分。

（3）评估的结果：所得出的场景及其优先级，用于理解和评估架构的问题，描述架构的动机需求并给出带优先级的效用树，所确定的一级架构方法，所发现的有风险决策、无风险决策、敏感点和权衡点等。

该步骤的目的是使参与者对该方法形成正确的预期。

2）描述商业目标（业务动机）

在该步骤中，项目发言人阐述系统的商业目标，具体内容有：

（1）系统最重要的功能。

（2）技术、管理、政治、经济方面的任何相关限制。

（3）与项目相关的商业目标和上下文。

（4）主要的风险承担者。

（5）架构的驱动因素（即促使形成该架构的主要质量属性目标）。

该步骤的目的是说明采用该架构的主要因素（如高可用性、极高的安全性或推向市场的时机等）。

3）描述体系结构

在该步骤中，架构设计师对架构进行描述，重点强调该架构是怎样适应商业动机的。具体内容有：

（1）技术约束条件，诸如要使用的操作系统、硬件、中间件之类的约束。

（2）该系统必须要交互的其他系统。

（3）用于满足质量属性的架构方法。

（4）对最重要的用例场景及生长场景的介绍。

4）确定架构方法

在该步骤中，架构设计师确定所用的架构方法，但不进行分析。

5）生成质量属性效用树

在该步骤中，生成质量属性效用树，详细的根结点为效用，一直细分到位于叶子节点的质量属性场景，质量属性场景的优先级和实现难度用高（H）、中（M）、低（L）描述，但不必精确。目的是得出构成系统效用的质量属性（性能、可用性、安全性、可修改性、使用性等），需具体到场景—刺激—响应模式，并划分优先级。

6）分析架构方法

根据上一步得到的高优先级场景，得出对应这一场景的架构方法并对其进行分析，要得到的结果包括：

（1）与效用树中每个高优先级的场景相关的架构方法或决策。

（2）与每个架构方法相联系的待分析问题。

（3）架构分析师对问题的解答。

（4）有风险决策、无风险决策、敏感点和权衡点的确认。

该步骤的目的是确定架构上的有风险决策、无风险决策、敏感点、权衡点等

7）讨论和分级场景（质量需求的次序）

在该步骤中，根据所有风险承担者的意见形成更大的场景集合，目的是由所有风险承担者通过表决确定这些场景的优先级。场景的分类包括：

（1）用例场景：描述风险承担者对系统使用情况的期望。

（2）生长场景：描述期望架构能在较短时间内允许的扩充与更改。

（3）探察场景：描述系统生长的极端情况，即架构在某些更改的重压的情况。

注意，最初的效用树是由架构设计师和关键开发人员创建的。在对场景进行集体讨论和设置优先级的过程中，有很多风险承担者参与其中，与最初的效用树相比，两者之间的不匹配可以揭露架构设计师未曾注意到的方面，从而使其发现架构中的重大风险。

8）进一步分析架构方法

这一步是对步骤6）的重复，使用的是在步骤7）中得到的高优先级场景，这些场景被认为是迄今为止所作分析的测试案例，目的是发现更多的架构方法、有风险决策、无风险决策、敏感点、权衡点等。

9）提交评估结果

评估小组根据在ATAM评估期间得到的信息（方法、场景、针对质量属性的问题、效用树、有风险决策、无风险决策、敏感点、权衡点等），向与会的风险承担者报告评估结果。最重要的ATAM评估结果有：

（1）已经编写了文档的架构方法。

（2）若干场景及其优先级。

（3）基于质量属性的若干问题。

（4）效用树。

（5）所发现的有风险决策。

（6）已编写文档的无风险决策。

（7）所发现的敏感点和权衡点。

评估小组中的成员包括评估小组负责人、评估责任人、场景书记员、进展书记员、计时员、过程观察员、过程监督者、提问者8种，各成员的角色及其职责如表11-3所示。

表11-3 ATAM中评估成员的职责

角色	职责	理想的人员素质
评估小组负责人	准备评估，与评估客户协调，保证满足客户的需要，签署评估合同，组建评估小组，负责检查最终报告的生成和提交	善于协调、安排，有管理技巧；善于与客户交流；能按时完成任务

角色	职责	理想的人员素质
评估负责人	负责评估工作,促进场景的得出,管理场景的选择及设置优先级的过程,促进对照架构的场景评估,为现场评估提供帮助	能在众人面前表现自如,善于指点迷津,对架构问题有深刻的理解,富有架构评估的实践经验,能够从冗长的讨论中得出有价值的发现,或能够判断出何时讨论已无意义,应进行调整
场景书记员	在得到场景的过程中负责将场景写到活动挂图或白板上,务必用已达成一致的措辞来描述,未得到准确措辞就继续讨论	书写清晰,能够在未搞清楚某个问题之前坚持要求继续讨论,能够快速理解所讨论的问题并提炼出其要点
进展书记员	以电子形式记录评估的进展情况,捕获原始场景,捕获促成场景的每个问题,捕获与场景对应的架构解决方案,打印出要分发给各参与人员的所采用场景的列表	打字速度快、质量高,工作条理性好,从而能够快速查找信息;对架构问题理解透彻,能够融会贯通地快速搞清技术问题;勇于打断正在进行的讨论以验证对某个问题的理解,从而保证所获取信息的正确性
计时员	帮助评估负责人保证评估工作按进度进行,在评估阶段帮助控制用在每个场景上的时间	敢于不顾情面地中断讨论,宣布时间已到
过程观察员	记录评估工作的哪些地方有待改进或偏离了原计划;通常不发表意见,也可能偶尔在评估过程中向评估负责人提出基于过程的建议;在评估完成后,负责汇报评估过程,指出应该吸取哪些教训,以便在未来的评估中加以改进;还负责向整个评估小组汇报某次评估的实践情况	善于观察和发现问题,熟悉评估过程,曾参加过采用该架构评估方法进行评估
过程监督者	帮助评估负责人记住并执行评估方法的每个步骤	对评估方法的各个步骤非常熟悉,愿意并能够以不连续的方式向评估负责人提供指导
提问者	提出风险承担者或许未曾想到的关于架构的问题	对架构和风险承担者的需求具有敏锐的观察力,了解同类系统,勇于提出可能有争议的问题并能不懈地寻求其答案,熟悉相关的质量属性

11.4　本章小结

体系结构的评估可以帮助确定软件体系结构设计是否适合于一组给定的需求。需求提供了用于确定质量预期的上下文。如果软件成果的需求得到满足,那么其质量目标也应该会得到满足。

体系结构的评估方式有基于调查问卷或检查表、基于场景、基于度量等几种。

从方法上看,软件工程协会提出的 4 种代表性的体系结构评估方法包括质量属性专题研讨会(QAW)、体系结构权衡分析方法（ATAM）、软件体系结构分析方法（SAAM）和积极的中间设计审核（ARID）。QAW 在定义体系结构之前执行，ARID 在设计过程中执行，而 ATAM 和 SAAM 则在完成体系结构创建之后执行。这些评估方法均可应用于 RUP 框架，区别是在不同的应用阶段使用。

ATAM 是一种比较全面的软件架构评估方法，分为 4 个评估阶段共 9 个步骤，每个步骤中都有相应的活动和参与人员。

11.5　思考与练习

（1）软件体系结构评估的方式有哪几种？这几种方式的区别和客观性如何评价？

（2）SEI 提出的体系结构评估方法有哪 4 种？它们的特点分别是什么？

（3）软件体系结构评估方法与 RUP 的关系如何？不同的评估方法分别适用于 RUP 的哪些阶段？

（4）ATAM 的步骤有哪些？

（5）ATAM 的评估小组定义了哪些角色？分别有什么要求？他们的职责何在？

参 考 文 献

[1] 麻志毅. 面向对象分析与设计[M]. 2 版. 北京：机械工业出版社，2013.

[2] 刁成嘉. 面向对象技术导论——系统分析与设计[M]. 北京：机械工业出版社，2009.

[3] 王欣，张毅. UML 系统建模及系统分析与设计[M]. 北京：中国水利水电出版社，2013.

[4] Gamma E，Helm R，Johnson R，et al. Design patterns：elements of reusable object-oriented software[M]. 北京：机械工业出版社，2002.

[5] 周苏. 软件体系结构与设计[M]. 北京：清华大学出版社，2013.

[6] Pressman R，Maxim B，罗杰 S. 普莱斯曼，et al. Software engineering：a practitioner's approachh[M]. 北京：机械工业出版社，2016.

[7] Booch G，Rumbaugh J，Jacobson I. UML 用户指南[M]. 北京：人民邮电出版社，2013.

[8] Rumbaugh J，Jacobson I，Booch G. UML 参考手册[M]. 2 版. 北京：机械工业出版社，2005.